基层政府自然灾害应急管理与社会工作介入

崔珂 沈文伟 ◎著

LOCAL GOVERNMENT
EMERGENCY MANAGEMENT
AND SOCIAL WORK INTERVENTIONS
IN CHINA

社会科学文献出版社
SOCIAL SCIENCES ACADEMIC PRESS (CHINA)

序 言

映秀镇是川西平原进入阿坝州的门户，是藏羌回汉各民族融合的交会点，素有"西羌门户"之称。然而，"5·12"汶川地震导致映秀山河破碎、满目疮痍，镇中心区夷为平地，造成巨大的人员伤亡和财产损失。

"5·12"汶川地震已经过去七年多了，得益于国家的政策支持和各级政府及时有效的灾后恢复重建工作，映秀镇已经焕然一新，百姓们也已经逐渐走出往日的阴霾。七年多以来，映秀镇人民政府以邓小平理论、"三个代表"重要思想、科学发展观为指导，按照以人为本、依靠科学、构建社会主义和谐社会的要求，坚持政府主导和社会参与相结合，坚持防灾、抗灾和救灾相结合，逐步推进综合防灾减灾各个方面和各个环节的工作。

本书的著成离不开映秀镇人民政府的大力支持和深圳市慈善会的资助。自2014年初，香港理工大学四川灾害社会心理工作项目

（以下简称项目）与映秀镇人民政府密切合作，本书作者总结和分析了"5·12"汶川地震以来映秀镇政府围绕灾害管理各个阶段展开的工作，通过深入访谈、问卷调查和资料分析等方法研究并整理了映秀镇因地制宜的灾害管理和防灾减灾实践经验，及其与社会工作组织合作进行灾害管理的策略与模式，并综合了项目相关的其他研究成果，经过梳理、总结，而后著成此书。

虽然"5·12"汶川地震后出版的与汶川地震或映秀镇相关的书籍不少，可以说这本书是目前为止第一本专门围绕该镇在"5·12"之后各个阶段的灾害应急管理工作特别是在防灾减灾领域的实践而写的，是对映秀镇七年多来从恢复重建到稳定发展这一经历的见证，这又赋予本书非同一般的意义。期望这本书出版后，不仅可以让更多的人了解映秀镇人民政府的灾害管理工作状况，从而为相关部门提供灾害应对和防灾减灾工作的决策支持和实践依据，推动中国基层政府灾害管理能力建设，同时也希望能有更多的人认识重建后的美丽映秀，促进映秀镇经济、社会和文化等的发展，建设和谐社区，提高映秀人民的幸福感。

阮曾媛琪　教授

香港理工大学副校长

目 录

第一章 政府在自然灾害应急管理中的角色和职能

简　介 …………………………………………………… 001

一　自然灾害应急管理的定义 ………………………… 002

二　政府在自然灾害应急管理中的职责 ……………… 003

三　近年来我国政府灾害应急管理工作现状 ………… 006

四　国（境）外灾害应急管理的典型经验 …………… 020

五　对我国政府灾害应急管理工作的借鉴意义 ……… 029

六　本章小结 …………………………………………… 031

参考文献 ………………………………………………… 031

第二章 基层政府自然灾害应急管理研究

——以四川省汶川县映秀镇为例

简　介 …………………………………………………… 036

一　地方政府自然灾害应急管理现状 ………………… 038

二　基层政府自然灾害应急管理现状 …………………… 040

三　研究案例——四川省汶川县映秀镇 ………………… 043

四　研究问题 ………………………………………………… 044

五　研究方法 ………………………………………………… 045

六　基层政府应对自然灾害能力现状 …………………… 045

七　基层政府在自然灾害应急管理中存在的问题及对策
　　建议 ………………………………………………………… 057

八　本章小结 ………………………………………………… 063

参考文献 ………………………………………………………… 064

第三章　灾区基层干部心理健康状况与社会工作介入模式探析

简　介 …………………………………………………………… 067

一　我国灾区基层干部心理健康状况 …………………… 069

二　灾区基层干部对心理支持的需求 …………………… 076

三　社会工作介入灾区基层干部心理 …………………… 078

四　社工介入灾区基层干部社会心理问题的对策
　　建议 ………………………………………………………… 089

五　本章小结 ………………………………………………… 095

参考文献 ………………………………………………………… 096

第四章　社会工作组织与政府合作进行灾害应急管理

简　介 …………………………………………………………… 102

一　社会工作参与灾害应急管理的必要性 ……………… 102

二　我国现阶段社会工作组织与政府合作参与灾害应急
　　管理的成效 ……………………………………………… 108

三　我国社会工作组织与政府合作进行灾害应急管理
　　存在的问题及原因分析……………………………… 112
四　社会工作组织与政府合作进行灾害应急管理的
　　策略…………………………………………………… 116
五　本章小结……………………………………………… 122
参考文献……………………………………………………… 123

第五章　高校主导的社会工作组织与政府合作进行灾害应急管理
——以香港理工大学四川灾害社会心理工作项目在
映秀镇的实践为例

简　介………………………………………………………… 128
一　项目介绍……………………………………………… 128
二　香港理工大学四川灾害社会心理工作项目在
　　救灾、防灾、减灾服务中与政府的合作经验……… 132
三　本章小结……………………………………………… 162
参考文献……………………………………………………… 164
鸣　谢………………………………………………………… 166

第一章　政府在自然灾害应急管理中的角色和职能

简　介

我国 2007 年颁布并实施的《突发事件应对法》将各类"灾害"抽象为"突发事件",其定义为"突然发生、造成或可能造成严重社会危害,需要采取措施予以应对的自然灾害、事故灾难、公共卫生事件和社会安全事件",而突发事件的应对则相应地被称为"应急管理"(童星、张海波,2010)。本书主要研究突发事件中的自然灾害的应急管理。本章首先对自然灾害应急管理和政府在自然灾害应急管理中的职能做简要概述。在此基础上,对各级政府(中央、地方、基层)在自然灾害应急管理工作中的角色定位现状进行回顾,并进一步与其他国家或地区(美国、日本、印度尼西亚、中国台湾)的灾害应急管理体制进行对比分析，旨在引起我国政府对于开展和改进灾害应急管理工作的一些思考。

一 自然灾害应急管理的定义

自然灾害应急管理是指政府及其他公共机构在突发自然灾害的事前预防、事发应对、事中处置和善后管理过程中，通过建立必要的应急机制，采取一系列必要措施，保障公众生命财产安全，促进社会和谐健康发展的有关活动（付林、周晶晶，2010）。它是一系列有计划、有组织的管理活动，包括判断事件危险等级、排除威胁、减轻灾害损失、恢复社会秩序、查清灾害发生原因、追究相关部门与工作人员的应急处置责任、制定并实施新的灾害防范措施等（莫利拉、李燕凌，2007）。定义表明了自然灾害应急管理是一个广义的概念，包括预防、准备、应对、善后、改进等各方面，而并不只限于在突发事件发生时为了排除危险或威胁的应急响应工作。

国内外学者从不同的角度对自然灾害应急管理展开了研究。侯俊东和李铭泽（2013）将这些研究归纳为宏观和微观两个层面。其中，宏观层面的灾害应急管理研究是对自然灾害危机管理战略性应对模式展开的研究。到目前为止，美国、日本和国内不同研究领域的学者对自然灾害应急管理模式提出了多种看法。比如，美国学者

Robert Heath（2004）根据危机形成和发展的生命周期设计出了 4R 危机管理模型，4R 即缩减（reduction）、预备（readiness）、反应（response）、恢复（recovery）。国内学者胡百精（2007）将突发事件应急管理划分为预警、处置和恢复管理三个阶段。除了宏观层面，侯俊东和李铭泽（2013）又进一步对自然灾害应急管理微观层面的研究进行总结，并将自然灾害应急管理过程归纳为四个阶段：①自然灾害风险评估；②自然灾害灾前应急管理；③自然灾害灾中抗灾救援；④自然灾害灾后恢复重建。为了便于梳理，本章依据相关理论将政府的自然灾害应急管理划分为三个阶段，即危机前、危机中和危机后管理阶段（印海廷，2009）。

二 政府在自然灾害应急管理中的职责

构建服务型政府是当前中国政府改革和职能转变的方向。自然灾害应急管理工作在关系社会公共秩序和人民根本利益的公共服务范畴之内（张杨，2011），直接体现政府的服务职能，因而以构建服务型政府为理念的中国政府理应成为自然灾害应急管理工作中的统筹者和主力军，切实在自然灾害的预防和应对中履行好其公共服务职能。图 1-1 结合滕五晓和夏剑霨（2010）、童星和陶鹏（2013）的阐述，呈现了政府在自然灾害危机的前、中、后三个阶段中相应的职责。

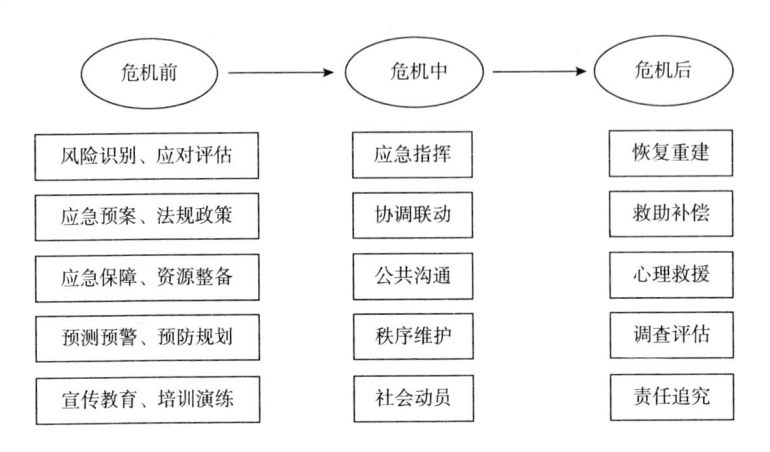

```
危机前  →  危机中  →  危机后

危机前:
- 风险识别、应对评估
- 应急预案、法规政策
- 应急保障、资源整备
- 预测预警、预防规划
- 宣传教育、培训演练

危机中:
- 应急指挥
- 协调联动
- 公共沟通
- 秩序维护
- 社会动员

危机后:
- 恢复重建
- 救助补偿
- 心理救援
- 调查评估
- 责任追究
```

图 1-1　自然灾害管理各阶段的政府职责

在危机前管理阶段，政府首先要做好灾害风险评估工作，识别可能发生的灾害和灾害可能造成的威胁，以及当地的自然灾害防御应对能力（滕五晓、夏剑霙，2010）。然后，政府应当在风险评估的基础上制定翔实、有效的灾害应急预案和政策，并建立一套权责分明的法律法规制度来规范和约束各地灾害防范及救助工作（张新文、罗倩倩，2011）。政府的应急管理部门应当建立全面、完善的预测预警体系，监测和预报自然灾害，并针对具体的地区制订详细的预防规划，通过硬件、软件的建设来提高地区抵御灾害的能力（滕五晓、夏剑霙，2010）。在风险评估的基础上，还要对应急救援物资和生活物资的需求进行预测，规划和建立有效的应急资源保障网络体系以确保资源的及时供给，同时要对应急管理所需的各种资源包括人力资源进行整合（滕五晓、夏剑霙，2010；童星、陶鹏，2013）。最后，政府还应该通过宣传和文化教育体系对个人安全文化、组织风险文化、社会风险文化进行干预与引导，通过培训和演练来切实提高个人和组织的灾害应对能力，也借此发现现行预案和应急机制存在的问题（童星、陶鹏，2013）。

在危机中管理阶段，政府的主要职责是进行应急处置与救援（滕五晓、夏剑霾，2010）。这其中的工作包括灾情评估和信息报送，根据灾害分级方法确定响应方式，在相应的层级上启动应急指挥和协调联动机制，以及保障政府内部和政府与民众之间及时、有效的沟通（童星、陶鹏，2013）。此外，李虹、王志章（2010）还指出了政府在救灾工作中应当维护灾后社会秩序，采取坦诚的态度确保信息的公开和有效的沟通，并在参与救援的社会工作组织之中扮演联络者和监督者的角色，使资源得到优化配置、提高救援效率。张新文、罗倩倩（2011）也提到政府应该鼓励和发动各类社会工作组织配合政府的大规模紧急救助活动，使救灾工作由单一向综合转变。

在危机后管理阶段，政府的首要职责是进行恢复重建，而重建既包括物质的重建，也包括制度的重建和精神的重建（滕五晓、夏剑霾，2010；童星、陶鹏，2013）。具体来说，政府在重建中应该扮演以下几种角色：一是制定灾后重建的基本方针，长远地、根本地提高地区的防灾能力；二是制定具体的重建规划方案，并根据灾害状况选择最适合的方案以尽快帮助灾民过上安定的生活；三是制定灾害心理咨询和治疗规划，包括咨询专家的聘请、咨询场所的联

系和咨询内容的准备，帮助灾民尽快摆脱灾害的阴影，使生活和生产走上正轨；四是制定灾民生活重建的支援规划，包括救灾物资的发放和灾民的生活补助相关的方针、政策以及法律制度，保证重建的顺利进行（滕五晓，2004）。在此之外，李虹、王志章（2010）认为政府在灾后恢复工作中还要注意重建灾区文化生活，尤其注重价值观和人际关系的重建，并为社会公众创造公共倾诉空间，通过一定的纪念活动使公众寄托对遇难人员的哀思和怀念。此外，对灾害事件的调查与反思也同等重要，应当客观评价现有应急管理体制的有效性，追究相关人员的责任以及反思相关政策、制度、机构等的问题，进行官员问责和风险问责，在经验和教训的基础上进一步调整和完善应急管理体制（童星、陶鹏，2013）。

三 近年来我国政府灾害应急管理工作现状

近年来，我国重大自然灾害频发，如2008年汶川地震、2010年玉树地震、2013年芦山地震和2014年鲁甸地震等，给我国政府的灾害应急和灾后恢复能力带来巨大的挑战。同时，频发而难以预测的自然灾害让政府意识到防灾减灾的重要性和迫切性，从而将其提上议事日程。数次重大考验后的经验总结使我国政府的灾害应急管理机制得到了一定的发展与完善，但突发灾害事件也暴露出政府在应急管理方面存在不少问题。因此，本部分在前文提到的理论框架指导之下梳理我国从中央到基层各级政府在灾害应急管理工作中，尤其是 2008 年汶川地震以来的灾害应急管理工作中的角色定位，按照应急管理工作的三个阶段（危机前、危机中、危机后）来探析政府在相应灾害管理工作中取得的成就和存在的问题。

（一）危机前管理阶段

新中国成立之后，我国政府制定并实施了许多自然灾害应急管理方面的法律法规，如《中华人民共和国突发事件应对法》《中华人民共和国防震减灾法》《中华人民共和国防洪法》《自然灾害救助条例》。在防灾减灾领域，我国也相继出台了相关政策和规划，比如，1998 年 4 月，国务院颁布并实施了《中华人民共和国减灾规划（1998～2010）》。这一规划确定了数个国家级减灾目标："减轻灾害对中国经济和社会发展的影响，显著减少灾害造成的经济损失，大幅减少死亡人数，建立一系列对社会经济发展起决定性作用的减灾管理工程，综合实施科学与技术成果，提高意识和增加知识，并完成减灾工作机制。"这一规划的实施使大量国家减灾工程得到发展。2007 年 8 月，国务院颁布了《国家综合减灾"十一五"规划》，这项规划确立了国家综合减灾的基本原则，包括以下几方面：①政府主导、分级管理、社会参与；②以防为主，防、抗、救相结合；③各负其责，区域和部门协作减灾；④减轻灾害风险与经济社会可持续发展相协调。规划清楚地阐明了"十一五"时期我国

防灾减灾工作的主要任务,包括以下几方面:①加强自然灾害风险隐患和信息管理能力建设;②加强自然灾害监测预警和预报能力建设;③加强自然灾害综合防范防御能力建设;④加强国家自然灾害应急救援能力建设;⑤加强巨灾综合应对能力建设;⑥加强城乡社区减灾能力建设;⑦加强减灾科技支撑能力建设;⑧加强减灾科普宣传教育能力建设。这些政策和规划对在新形势下我国的减灾救灾事业提出了明确的要求和任务,继续推动中国的减灾救灾事业向更高层次发展(陈彪,2010)。

进入"十二五"时期,国务院办公厅于2011年11月印发了《国家综合防灾减灾规划(2011-2015年)》。规划明确了坚持"政府主导,社会参与;以人为本,依靠科学;预防为主,综合减灾;统筹谋划,突出重点"的工作原则,提出自然灾害造成的死亡人数在同等致灾强度下较"十一五"时期明显下降、年均因灾直接经济损失占国内生产总值的比例控制在1.5%以内等多个发展目标,以及加强自然灾害监测预警能力建设、加强防灾减灾信息管理与服务能力建设、加强自然灾害风险管理能力建设、加强自然灾害工程防御能力建设、加强区域和城乡基层防灾减灾能力建设、加强自然灾害应急处置与恢复重建能力建设、加强防灾减灾科技支撑能力建设、加强防灾减灾社会动员能力建设,以及加强防灾减灾人才和专业队伍建设、加强防灾减灾文化建设10项主要任务。

总体来说,21世纪以来,我国中央政府在政策法规上明确把减灾规划纳入国民经济和社会发展总体规划中，逐渐加大投入力度，并承担协调发展与减灾、强化资源保障、提高设防水平、加快制定减灾产业发展规划的责任（史培军，2013）。然而，目前我国政府灾害应急管理的法律法规体系还远不健全，尤其是灾害相关法律种类较少、缺乏具体实施细则以及综合防灾减灾的法律法规欠缺。也就是说，虽然有一系列针对某一类型灾害（如地震）预防和减灾的法律与规定，但这些法律和规定无法代替一部保障国家防灾减灾工作的基本法律。这一现状使各级政府在灾害各阶段的工作中难以贯彻实施相关法律法规，难以把握自己的责任定位，也难以相互协调配合（滕五晓，2005）。

当前，我国已经确立了各级党委和政府统一领导、部门分工负责、灾害分级管理、属地管理为主的灾害管理领导体制（张新文、罗倩倩，2011）。针对自然灾害，在国务院统一领导下，中央层面设立了国家减灾委员会、国家防汛抗旱总指挥部、国务院抗震救灾指挥部、国家森林防火指挥部和全国抗灾救灾综合协调办公室等机构，负责减灾救灾的决策、协调和组织工作（国务院新闻办公室，2009）。然而，我国自然灾害防灾减灾组织体系是按照灾种划分的，每个灾种或几个相关的灾种分别由某个或某几个部门来负责，甚至灾害的监测、预警、指挥调度、救援、灾后恢复等不同阶段的工作也分别由不同的部门承担，形成了分灾种、分部门的防灾减灾管理体制。这一体制不仅使各指挥机构协调能力严重不足，同时还可能

导致条块分割、政出多门、重复建设等问题(张红萍等,2014)。

我国各级政府的救灾应急预案体系已初步形成,如前面提到的综合性的《国家自然灾害救助应急预案》,以及各省、区、直辖市和大部分市、县建立的相应灾害应急预案体系(张新文、罗倩倩,2011),同时,与此相对应的制度规范建设也在不断推进。以甘肃省为例,该省各层级的自然灾害应急救助预案基本形成"纵向到底,横向到边"的框架体系,省政府发布了《国家综合防灾减灾规划(2011~2015年)甘肃省实施方案》《甘肃省人民政府办公厅关于切实加强和规范自然灾害救助工作的意见》《甘肃省防灾减灾人才发展中长期规划(2013~2020年)》《甘肃省自然灾害救助应急预案》等相关文件;相关涉灾部门也制定了一系列防灾减灾救灾工作政策和制度规范(张柯兵、李有发,2014)。然而,我国各级政府的应急管理存在严重的"预案化"倾向,即把预案编制视为应急准备的完成,且预案编制形式化趋势严重,缺乏针对性和实用性,尤其是基层预案多未将重点放在本地的实际危险源和行动协调的具体计划上(滕五晓,2005)。我国的灾害预警体系和救灾物资储备体系基本已经形成。目前,我国的灾害预警体系基本能做到在最短的时间内尽快发布灾情信息,通知民众避险,也让政府和社会了解灾害情况,掌握救灾工作的主动权。此外,政府还在全国主要大城市设立了10个中央级救灾物资储备库,形成了救灾物资储备网,基本能够保证在灾后24小时之内调动救灾物资并发放到灾民手中

（张新文、罗倩倩，2011）。以甘肃省为例，省委省政府完善了针对各种主要自然灾害的监测预警措施，初步建立了覆盖各级、联防联控的自然灾害监测预警体系；全省主要涉灾部门完善了灾害信息发布办法，基本构建自然灾害灾情信息的收集管理平台，并推进各级灾害信息员队伍建设；还构建了覆盖全省的救灾物资储备网络体系（张柯兵、李有发，2014）。但是，从总体上看，政府体制内仍缺乏专业的灾害应对工作人员，灾害救助工作经验丰富的人员比较少，灾害管理方法、信息收集沟通发布方法和防灾技术也比较落后（滕五晓，2005）。此外，一直以来强调以经济建设为中心的做法使政府部门忽视了对政府工作人员危机意识的培养，对灾害知识的宣传教育不够，政府危机意识相对淡薄，影响了防灾减灾工作的全面性和有效性。

增强群众和组织的灾害意识、促进群众学习自救知识是危机前政府管理工作的一个重要部分。白鹏飞、贾群林（2013）总结了地方政府在危机前阶段为提升公民自救能力开展的主要工作，一是通过各类科普基地开展防灾日一类的科普活动；二是通过各类媒体对大众进行防灾自救知识的宣传；三是通过教育系统为在校学生开展校园防灾课程；四是开展公民防灾能力提升项目，出资并组织基层民众进行防灾技能学习和演练。以甘肃省基层政府为例，其完善防灾救灾体系的工作主要体现在城乡社区建设综合应急避难场所、开展防灾减灾示范社区建设、加强基层志愿者队伍建设、进行防灾减灾知识教育和建立相关培训基地等（张柯兵、李有发，2014）。但是在受自然灾害威胁较大的经济欠发达的偏远农村地区，由于资源、政府和民众危机意识不足，此类减灾教育或演练则很少开展或者教育效果不好。基层政府虽然是各级政府与公众最直接的接触面，却没有实质性的权力去制定法规强制公民参与相关培训，也受人力、财力、物力等制约不能较好地组织和开展此类教育工作（高伦、翟亮智、杨子仪，2011）。这直接导致政府和民众防灾救灾知识和技巧的缺乏，影响了政府和民众在灾害中的应变能力（李虹、王志章，2010）。

在危机前管理阶段，我国政府的灾害应急管理体系在总体上还欠缺与非政府组织合作的具体机制。虽然《国家综合减灾"十一五"规划》确立的基本原则是"政府主导、分级管理、社会参与"，许多相关法规和政策也强调了社会参与的必要性，但是社会力量参与防灾减灾的机制并不完善，例如有些省份的应急预案里根本没有阐明社会工作组织参与的具体细则。因此，我国各级政府在非政府组织参与救灾工作的技术标准、行为准则制定等方面的工作还有待提高（白鹏飞、贾群林，2013）。

2015年，联合国《2015～2030年仙台减轻灾害风险框架》提出，世界各国在自然灾害防灾减灾工作中应当优先考虑以下四点：第一，了解自然灾害风险，包括自然灾害的易损性、波及范围、灾害特点、环境和应对能力等。这些信息是灾前风险评估的一部分，是制定和实施合适、有效的灾害应急预案的基础；第二，健全自然灾害应急管理体制，要有明确的目标、计划、能力要求、指导方案、跨领域合作和相关利益主体的参与，并重视灾害的预防、减轻、预备、反应、恢复和重建等各阶段工作；第三，加大对灾害风险抗逆力的投入，通过公共和私人对防灾减灾制度和非制度性的投入，提升个人、社区、国家在自然灾害面前的经济、社会、文化抗逆力；第四，加强灾害预防以保证有效应对，在恢复重建中强调地区发展（United Nations，2015）。该框架对我国政府自然灾害管理体制的进一步完善和加强有重要的指导作用。

（二）危机中管理阶段

我国的应急救灾工作一直都由中央直属部门主导，包括灾害发生后的救援、救灾物资的发放、救灾抢险队伍建设和指挥等环节。遇到重大自然灾害，通常启动相关议事协调机构，加强对应急救援救助的指挥协调。由国务院分管领导任总指挥，统一指挥和协调各部门、各地区的应急工作（陆嘉楠，2011）。例如，当破坏性地震发生后，中央就会启动非常设指挥机构——抗震救灾指挥部，在国务院分管领导的指挥下，由中国地震局统一指挥和协调各部门各地区的应急工作，迅速调动全国范围内的物资和人员进行救援（陆嘉楠，2011）。这种应急体制体现了我国社会主义体制能够集中力量办大事的优势。然而，自上而下、按部门实施的纵向管理模式使地方政府在整个管理过程中大多是在配合国家相关部门,处于从属地位(滕五晓,2005)。李虹和王志章(2010)指出这一地方政府配合国家相关部门执行、层级上报、等待指示的灾害管理体系严重削弱了地方政府作为灾害行政管理主体的作用,并且在很大程度上影响了防灾救灾的效果。此外,我国的自然灾害应急管理体系是分灾种、分部门、分行业的分散型体制,针对各类灾害建立了相应的预警预报体制、应急管理指挥体系、应急救援体系和专业应急队伍等。这种体制虽然有利于发挥各部门的专业优势,但是在效率性、协调性、整合性上还有所欠缺(陆嘉楠,2011)。

建立快速分级响应机制也是我国现阶段自然灾害危机中管理工作的一个重要特点。民政部在2006年4月5日印发的《民政部应对突发性自然灾害工作规程》修订稿中根据灾害损失情况将突发性自然灾害的应对设定为四个响应等级,一到四级逐级递减,各个级别以死亡人数、紧急转移安置人数和倒塌房屋数量三个指标为标准,满足其一则启动相应的响应等级。例如,因灾死亡人数达到30人,启动四级响应;达到50人,启动三级响应;达到100人,启动二级响应;达到200人,启动一级响应,并规定了从一级响应到四级响应各自所对应的决策、领导、协调和救助的具体职责对象和实施办法(陈彪,2010;罗国亮,2010)。比如,跨省区或者特别严重的自然灾害,由国务院和有关部门直接管理,地方各级政府协助配合;而局部性或者一般性的灾害,则由地方相应层级的政府部门负责处理,上级政府给予指导和支持(陆嘉楠,2011)。此外,政府也重视灾情的及时传递,灾害信息须在规定时限内由县级向省级再向中央民政部和国务院层层上报。灾害发生后,受灾省份按照规定先动用本省救灾储备物资,或在紧急情况下申请同时使用中央级救灾储备物资。在灾害应对中,政府不仅需要协调各部门配合工作,还要与作为救灾主力的军队系统密切配合,按照规定的请调程序、职权分工、领导与指挥规定等组织部队救助(罗国亮,2010)。

由于我国政府对NGO(非政府组织)等社会力量参与灾害救助的行动没有形成制度化支持,NGO的参与更多体现为即时性反应的非制度化参与,而政府在这一过程中通过认可或吸纳NGO的灾害救助行动,使其成为政府救灾的角色补充,并对其以单项控制的方式进行管理。由于缺乏制度规范,基于不同NGO各自的资源优势、行为激励、角色定位,以及不同地方政府的实际情况,各地政府对NGO的管理呈现差别化和多元化的特点(林闽钢、战建华,2011)。

作为离百姓生活最为接近的一级政府,乡镇政府的能力对国家灾害应急管理职能的履行效果具有重要影响。乡镇政府在自然灾害发生后的主要职能包括:负责第一时间的救灾组织、协调工作;完成自然灾害第一时间救助和灾民生活救助;负责灾情的统计和上报;配合有关方面组织协调灾民的紧急转移和安置等(张杨,2011)。然而,很多时候,基层政府缺少有效的防灾减灾职能执行

机构,并缺乏足够的灾害管理资源(如财政来源、专业人才),导致在灾害管理职能的执行中出现种种问题(张杨,2011)。

具体就"5·12"汶川地震救灾工作的情况来看,地方包括基层政府在救灾工作中履行职责时存在的问题主要有五点。第一,行政管理体制中的结构、关系的模糊和决策传达、实施的低效,导致不同政府层级和部门之间的责权不明确、问责制度不明晰,影响了民众对政府的信任感,并且繁杂的上传下达程序也影响了灾后救援工作的及时性和有效性(李虹、王志章,2010)。第二,县、乡级政府严重缺乏抗震救灾的救援设备和应急处理知识,反应相对迟缓,无法有效组织居民抗灾自救(印海廷,2009)。第三,在灾后过渡性安置阶段,政府工作中出现了组织过于分散、统一组织和协调能力差、管理欠序的情况,影响了救援和物资分配的效率。同时,政府没有很好地协调和引导参与救灾的非政府组织及公民,没有处理好分工合作关系,导致大量人力和物力的浪费,影响了公民参与的积极性与有效性。第四,在与灾情和救灾工作有关的信息发布和沟通方面,政府在保证群众知情权和及时发布权威信息的同时,其公开信息的质量和全面性有待提高。政府信息缺乏透明度影响了民众对政府行为的监督,也损害了民众对政府的信任度和政府的权威性(李虹、王志章,2010)。第五,基层政府经常忽视在灾民心理和灾区社会关系、文化恢复方面的职能,有关社会心理方面的工作不足。

（三）危机后管理阶段

在危机后管理阶段，也就是灾后恢复和重建阶段，许多需要法律指导和规范的政府工作仍无法可依，多依靠政策和行政手段。为了弥补法律的缺失，2008年6月8日，国务院颁布了《汶川地震灾后恢复重建条例》，随后又在9月19日印发《汶川特大地震灾后恢复重建总体规划》（以下简称《总体规划》），为地震灾区重建涉及的各种问题如调查评估、重建规划与实施、资金筹集、政策扶持、监督管理、法律责任等提供了规范性指导，正式启动了汶川地震灾后重建工程。随后，国务院又出台了支持恢复重建的二十余个配套文件，涉及规划、生产、对口支援、金融、国土、电力、通信等各个方面（刘方金，2010；陈世栋，2014）。《总体规划》规定了不同层级的政府参与灾后重建所应扮演的角色和承担的职责。中央国务院相关机构和四川省人民政府负责编制相应专项规划和重建年度计划，并指导市县级政府编制本行政区的总体、专项实施规划与年度计划。地方的市县级政府具体承担和落实恢复重建任务，组织实施本行政区的恢复重建规划。其中，县级政府是组织实施重建任务的主体，负责使每一项规划具有可操作性，然后以项目的形式组织建设、调拨资金。而到乡镇一级的政府，它们承担着国家与乡村社会的对接和互动的任务，就自上而下推进的重建工作进行合作、谈判等，其工作重心大多集中在住房建设、农业生产、农村基础设施建设、公共服务建设、生产力布局和产业调整等方面。政府的灾后重建总体规划也显示了对社会管理的重视，如人口安置、公共服务、生态环境和精神家园重建等。规划鼓励人口在规划区内就近分散安置或随外出务工人员的就业地转移安置，保障公共服务设施的标准化建设并促进公共服务均等化，加强生态修复和环境污染的监测与治理，还首次把震后心理重建纳入其中（陈世栋，2014）。

在灾后恢复与重建资金筹备工作中，国家政府的拨款占到了很大一部分，较好地保证了灾后重建的速度，例如，在"5·12"汶川地震后，截至当年11月底，中央和地方各级财政安排抗震救灾资金1287.36亿元（白鹏飞、贾群林，2013）。此外，我国政府还建立了北京、天津、上海、江苏、浙江、福建、山东、广东8省（市）和深圳、青岛、大连、宁波4市对内蒙古、江西、广西、四川、云南、贵州、陕西、甘肃、宁夏和新疆10省（区）的对口支援机制，结合每年的灾情调整具体支援方案（罗国亮，2010）。但是，作为社会化的风险损失承担机制的巨灾保险制度还未在我国发挥应有的作用，灾害救助过于依赖政府力量，抑制了市场和社会等主体作用的发挥（华颖，2010）。在灾后救助和恢复当中，社会工作组织的参与也受到较多的行政干预，这表示政府的应急体系并没有为社会力量参与灾后救助和恢复提供足够的空间和途径。另外，对于汶川地震后有突破性发展的慈善捐助事业，政府还未能推动构建成熟健康的慈善文化和合适的慈善引导机制，也缺乏完善的慈善捐赠和善款管理使用的监管制度法规（华颖，2010）。

政府在实际履行重建职责当中也出现了一些问题。比如，各级政府之间自上而下层层压缩重建计划时间的现象比较普遍。汶川地震灾后重建时间是三年，但是政策在向下执行的过程中却层层加码，在某些省市变成两年甚至更短，而到了基层政府就只剩下一年半或者一年。鉴于灾后重建工作的复杂性和长期性，这种做法大大影响了灾后重建的质量和效果，也产生了资源的浪费。又如，在偏远农村地区的重建工作中，往往出现重建资金无法到位或者及时到位、重建活动缺乏技术和资金管理监督指导、未考虑灾民情况的差异性与农民需求的特殊性、干部对政策不了解或素质较低的情况。另外，虽然国家重建规划将精神家园的重建列入其中，但在实际重建工作中，大部分专项资金和对口援建项目还是投入学校、医院、道路等公共硬件设施上，文化方面的恢复没有受到足够重视，针对灾民的心理辅导和就业能力提升培训也十分欠缺（彭珏琦，2012）。最后，政府防灾减灾责任和责任评价体系普遍缺失，没有建立起纵向覆盖省、市、县、乡，横向覆盖机关事业单位、企业、社区的防灾减灾救灾责任体系，也缺乏对灾害防治不作为的行政问责机制、司法监督机制，减灾救灾效果的评估指标体系也尚未建立（张柯兵、李有发，2014）。

四 国（境）外灾害应急管理的典型经验

一些频繁遭受重大自然灾害的国家和地区在不断探索和发展中建立了较为先进、有效的自然灾害应急管理体系，在防灾、减灾和救灾方面有许多值得借鉴的做法。尤其是以美国、日本为代表的发达国家和地区，其灾害应急管理工作起步较早，经验丰富，又有强大的国力和科技实力作为支撑，因此这些国家和地区的灾害管理经验对我国政府进一步完善灾害应急管理体系有着重要的启示作用。实际上，我国在灾害应急管理的许多方面已经开始借鉴先进国家和地区的做法。但是，因为我国在社会制度、政治体制、地理位置、经济社会发展阶段、文化方面具有特殊性，这些经验不能原样照搬，而是要根据我国的具体国情灵活运用，建立起符合中国背景、具有中国社会特色的政府灾害应急管理体系。本部分将简单介绍美国、日本、印度尼西亚和台湾地区在灾害应急管理工作方面的突出经验，并总结这些经验对我国灾害管理工作的借鉴意义。

（一）美国

美国的灾害应急管理体系由联邦政府、州政府、地方政府三个级别的应急管理部门组成，而把灾害分成两个等级进行响应，即一般灾害和严重灾害。美国的灾害应急第一责任者是灾害发生地区所在的州，而美国国家政府只对超越当地应对能力的部分按照紧急事态法令给予紧急援助（王秀娟，2008）。该体系以联邦紧急事务管理局（Federal Emergency Management Agency，FEMA）为中心，以联邦应急计划为依据，构成了一个覆盖各种公共危机事件的危机应对网。其中，FEMA是合并之前美国政府一百多个涉灾部门所产生的危机管理的核心协调决策机构，具有危机的减缓、预备、回应和恢复等多重功能，与联邦政府的其他部门紧密配合，也与各种非政府、非营利组织有较好的联系和合作（杨思友，2011）。FEMA的具体机构设置如图1-2所示。

美国的灾害应急管理体制有较为完善的法律法规作为支撑。自建国以后，美国政府制定了上百部与危机应对相关的法律法规，并一直在不断补充、修订、完善。其灾害管理核心法律有《联邦灾害法》《国土安全法》《全国紧急状态法》等（杨思友，2011），而单项法则涉及各种灾害类型和灾害管理工作的方方面面，如《防洪法》《沿海区域管理法》《联邦放射性紧急事件反应计划》《地震灾害减轻法》等（王秀娟，2008）。除此之外，每个州也制定了救助服务法等相关法律。这些法律法规覆盖全面，内容明确详细且操作性强，为各级政府、相关部门的配合和灾害应急各个阶段的工作提供统一的规范（杨思友，2011）。

此外，美国政府灾害应急管理工作的资金预算比较充足，遇到

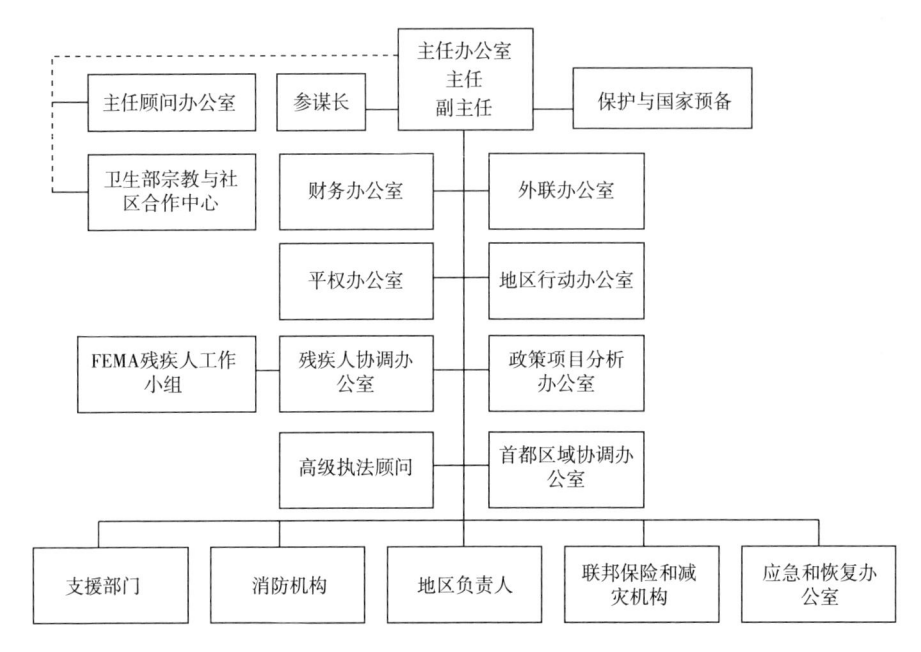

图 1-2 美国国家紧急事务管理局的机构设置

资料来源：Official Website of the Department of Homeland Security, USA.

特大灾害时，在常规的灾害救援预算外，政府还可以向议会提出议案增加紧急救援资金。在整个灾害应急管理工作中，美国政府还普遍运用了先进的科学技术，如运用卫星遥感技术对灾害进行监测、预警预报和跟踪（王秀娟，2008）。

在美国政府的灾害应急管理工作当中，社会力量的参与是不可或缺的。美国红十字会和各种慈善组织、社会福利组织和宗教组织在灾害应急中与政府紧密配合，发挥着巨大的作用。例如，红十字会会在灾害发生时收集并与政府共享灾情信息，开展紧急援助，为灾民提供生活必需的物资和服务，还会开展心理援助等工作。此外，民间的各种技术人员和专业人员也会响应政府的号召加入救援工作，慈善团体整合民间资源参与赈灾，宗教组织也会发放物资并主持各种祈祷或追悼仪式以抚慰民众的心灵（杨思友，2011）。美国社区借助原有的民防体系建立了比较完备的灾害防御和救援体系，成立了许多社区灾害志愿者组织，平时进行防灾减灾知识的宣传教育，在灾害发生之后又能开展有效的救援（王秀娟，2008）。灾害应急工作的良好社会基础分担了政府防灾救灾的压力，也体现了社区群众较强的主体性意识和灾害危机意识，使群众能够通过及时的自救自助有效减少灾害的损失。

（二）日本

日本政府在一整套详细的灾害应急管理相关的法律框架之下，建立了从中央政府到都道府县到市町村的完善统一的灾害管理行政体系（见图1-3）。设于总理府的"中央防灾会议"是根据灾害对策基本法设置的决策会议，内阁总理大臣兼任该会议会长，是全国灾害管理特别是防灾工作的最高决策机构；同时，在地方政府层面，日本又设立了都道府县防灾会议、市町村防灾会议以及地方防灾会议互相合作的"协议会"。一般性灾害由地方管理，而非常灾害由国家管理（王秀娟，2008）。

日本作为一个突发性自然灾害频发的国家，在提高国民的灾害意识和危机应对能力方面颇有成效。首先，日本政府十分重视在自然灾害防范和应对方面的物质投入，例如民众日常生活中所接触的

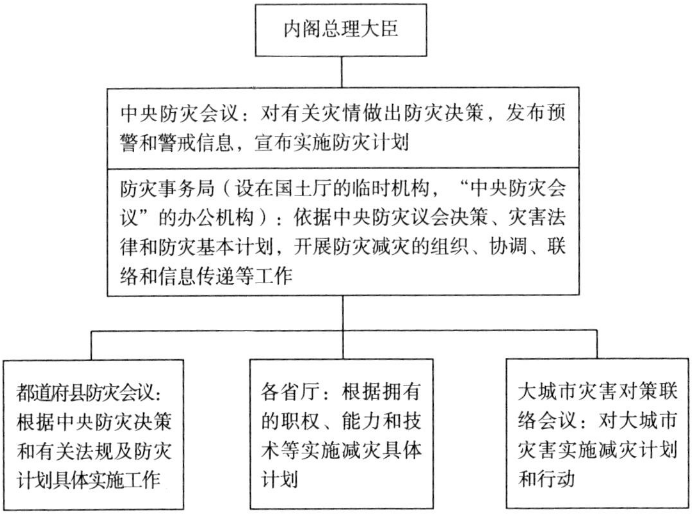

```
                    ┌─────────────┐
                    │ 内阁总理大臣 │
                    └──────┬──────┘
                           │
        ┌──────────────────┴──────────────────┐
        │ 中央防灾会议：对有关灾情做出防灾决策，发布预 │
        │ 警和警戒信息，宣布实施防灾计划              │
        ├─────────────────────────────────────┤
        │ 防灾事务局（设在国土厅的临时机构，"中央防灾会 │
        │ 议"的办公机构）：依据中央防灾议会决策、灾害法  │
        │ 律和防灾基本计划，开展防灾减灾的组织、协调、联 │
        │ 络和信息传递等工作                         │
        └─────────────────────────────────────┘
```

┌──────────────┐ ┌──────────────┐ ┌──────────────┐
│都道府县防灾会议：│ │各省厅：根据拥有 │ │大城市灾害对策联│
│根据中央防灾决策 │ │的职权、能力和技 │ │络会议：对大城市│
│和有关法规及防灾 │ │术等实施减灾具体 │ │灾害实施减灾计划│
│计划具体实施工作 │ │计划   │ │和行动   │
└──────────────┘ └──────────────┘ └──────────────┘

图 1-3　日本防灾组织机构

资料来源：引自刘波、姚清林、卢振恒等《灾害管理学》，湖南人民出版社，1998。

基础设施、公共场所与私人住宅都有严格的防灾避难功能要求。其次，日本政府在防灾研究上投入了大量的科研经费，努力利用现代科技来预测和应对危机，并设立防灾日、防灾周等定期开展形式多样的防灾演习训练、知识讲座、科技产品推介和悼念活动等。最后，日本政府还十分注重在学校系统和社区系统中开展灾害教育活动，在学校教育体系中将灾害知识列入必修内容并整合到其他学科和活动当中，在社区中支持对灾害经验教育的反思和灾害情感教育活动（杨思友，2011）。

日本在灾害预警和处置的信息化建设方面也有先进的经验。日本政府制定了《高度信息网络社会形成基本法》，并加大通信设施和高新技术研发的力度，建立了针对各种地质和气象灾害类型的一系列监测、信息收集和分享系统，保证政府第一时间了解灾害情况，这些在灾害的预警、危机应对和灾后救援中都起着重要作用（杨思友，2011）。

（三）印度尼西亚

印度尼西亚作为一个频繁遭受地震、火山爆发、海啸等自然灾害影响的发展中国家，在灾害应急管理工作方面起步虽然晚，但是近年来通过交流学习发达国家经验，并积极利用国际资源，在灾害管理的顶层设计和系统推进方面已经取得了令人瞩目的成就（贾群林、宋劲松，2014）。比如，以前印度尼西亚政府在除了2001年发布的第3号总统令和之后的修订案对自然灾害管理做出了一些规定之外，并没有出台系统、详细的灾害应急管理法律法规或相关政策。2004年以后陆续发生的一系列重大自然灾害，使印度尼西亚政府认识到建立全面的灾害管理法律体系的重要性。于是，印度尼西亚议会在2007年通过了《灾害管理法》，取代了之前的总统令，明确了政府灾害管理的权力机构的构成和职责。这一核心法律同其他相关的单项法律一起，对本国灾害管理做出了全面、明确、可操作性强的规定（贾群林、宋劲松，2014）。

基于印度尼西亚国内不发达地区较多的实际情况，政府大力推广了以社区为单位的防灾救灾行动计划，宣传自防自救的理念，建立了遍布全国的"自然灾害志愿者"网络，一方面对社区进行灾应对知识的宣传教育，另一方面实际参与抢险救灾。在通信等基础设施落后的地区，政府大力鼓励社区自救，包括利用当地资源和土办法等（顾锦龙，2009）。

在灾害的预警预报方面，印度尼西亚政府也加大了工作力度。例如，2008 年完成了海啸预警系统的建立，在全国的海岸线广泛修建预警塔；加强和完善了报警系统和通报机制，保证第一时间向民众发出灾害警报，并每天 24 小时持续监测和收集灾害信息并与民众交流（顾锦龙，2009）。

印度尼西亚政府十分注重在灾害管理工作方面与先进国家以及国际组织的交流，并积极发挥国际机构和国外组织在灾害救援中的援助作用。印度尼西亚对发达国家先进经验的学习既包括制度层面，也包括技术层面。在非灾害时期，印度尼西亚政府会与国际机构和非政府组织联系与合作，加强本国政府和社区的灾害应对能力建设；而在灾害发生后，则与这些组织机构合作将救灾的人员、物资及时送到目的地，并且在灾后重建的后续工作中继续发挥国际机构、组织和志愿者的作用（国家发展改革委社会发展司考察组、杨京平、刘瑞，2009）。

（四）中国台湾

作为一个自然灾害频发的地区，台湾参考了美国、日本比较先进的防灾救灾体制模式，依照 2000 年颁布的"灾害防救法"的相关规定，建立起了完整的横向纵向防救灾体系。从横向来看，台湾地区灾害防救部门负责指挥、监督、协调总体救灾工作，也分管不同灾害的防救业务主管机关。在纵向上，设置了自上而下的防救灾工作部门（王瑞芳，2011）。台湾灾害防救灾体系的一个重要组成部分是台湾灾害防救计划，包括针对台湾地区整体性、长期性灾害防救的基本计划，针对各行业的灾害防救的业务计划及规范地区防救灾措施的地区计划（王飞，2011）。

台湾相关部门在防救灾工作方面一个突出并且值得借鉴的举措是加强防灾领域的科学研究，为台湾自然灾害的防救工作奠定基础并培养人才。例如，1997年台湾推出了首个防灾科技计划。它是一个跨部门、跨领域的整合性计划，推动与执行防救灾有关的科研工作并对研究成果进行整合再应用于防救灾业务。它以对台湾地区威胁性最高的几种自然灾害（如台风、泥石流、地震）为研究对象，同时也包括对现行防救灾体系的评估和与救灾实务的结合。此外，该计划还涵盖防救灾的社会经济层面，包括自然灾害保险机制的研究与对灾害社会、经济与心理的基本调查。该计划于1999~2006年分两个阶段实施，在灾害勘察与评估、灾害信息管理、灾害防救体系建设、地方部门灾害应对能力强化、社区防灾和防灾教育等方面取得了丰硕的成果，在基础学术研究和实际应用方面做出了贡献（张晗、罗勇，2013）。

除了针对灾害防救的科学研究与应用之外，台湾地方政府也十分重视推动针对民众的防灾教育。学校教育是防灾教育的一种模式，自1997年开始由教育主管部门主导。在过去的十几年中，台湾的学校防灾教育经历了四个阶段：一是专业培育阶段，主要针对各大院校土木工程专业进行教材的编撰、补充和本土化应用，为专业人才的培养打下基础；二是机制研拟阶段，其重点是在各级学校防灾教育专业教材的编撰与试教、种子师资的培育、协助各级学校编制校园灾害防救计划、推广防灾倡导活动、建立防灾教育网站知识库等，使防灾教育从大学专业学院扩展开来；三是实验研发阶段，重点在于构建和施行能够稳妥、全面、持续推行防灾教育的模式，包括运作与支持机制、课程发展及推广实验、师资培育机制和成效机制等；四是落实推动阶段，推动"防灾校园网络建置与试验计划"，落实研发成果并推动常态运作（叶欣诚，2012）。防灾科技教育历年推动部分成果如图1-4所示。

最后，在台湾的防救灾经验中，社会工作者的参与还发挥了极大的作用，无论是对于灾后救助还是灾后重建阶段都是如此。例如，在台湾"9·21"灾后重建中，社会工作者持续地提供了三种模式的服务："小区家庭支持中心""项目委托模式""跨区域方案"（王瑞芳，2011）。这几种模式紧密结合了政府和民间的资源，考虑并照顾了不同人群的需求，有力地推动了灾后居民生活的重建和社会秩序的稳定。

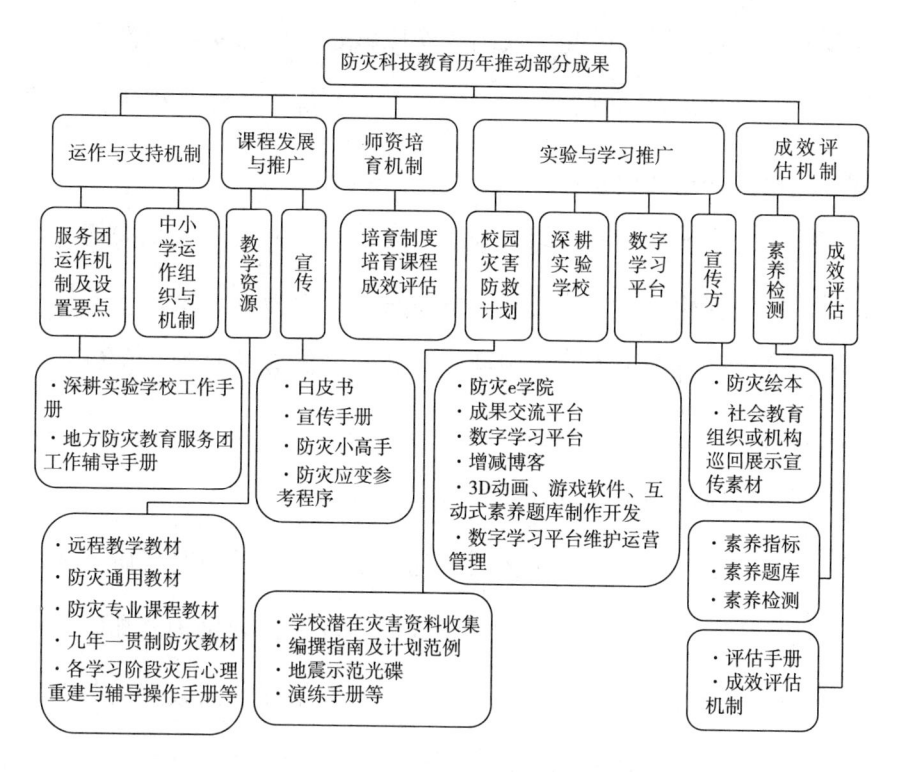

图 1-4　台湾防灾科技教育历年推动部分成果

资料来源：台湾教育部门顾问室。

五　对我国政府灾害应急管理工作的借鉴意义

以上各国家和地区先进的灾害管理体系和经验对我国灾害应急管理体系的建设有着重要的借鉴意义。第一，我国政府现有的灾害管理体系当中并没有像美国 FEMA 一样的专门的灾害应急处理机构，而是主要依赖各级政府的现有行政机构。由多个机构和部门组成的灾害管理体系并不利于工作的统一指挥和调度，也无法有效应

对多灾齐发的情况。因此，我国政府应该建立国家级的自然灾害应急管理机构，建立国家灾害应对指挥系统，综合协调各涉灾部门的工作（黄明光，2014）。

第二，我国政府还应继续细化和完善灾害应急管理相关的法律法规，像美国和日本一样将灾害应急管理的方方面面纳入法制化的轨道，以提高管理工作的规范性和高效性。既要将自然灾害管理法律法规中的空白补全，也要制定和完善综合性的自然灾害法，还应健全各级政府的减灾规划和应急预案。

第三，我国政府应该加大灾害的科研力度，重视对科研人才和专业技术人才的培养，成立灾害研究的综合性指导机构以加强科研部门之间的整合与协作，并大力推动科研成果在防灾救灾实务中的运用（游志斌，2006）。在针对灾害本身的自然科学研究之外，也要重视和推动对自然灾害的社会、经济、心理影响以及灾害管理体系的社会科学研究。

第四，我国政府应当加强灾害知识的宣传教育，提升政府和民众的灾害意识和应对能力。要利用好学校、社区、媒体等平台开展包括知识普及、培训和演练等各种形式的宣传教育。

第五，我国政府应该学习发达国家和地区的经验，积极发挥社会力量在防灾、救灾和灾后重建中的作用，以提升社区防灾救灾主观能动性、有效利用和配置资源，缓解政府在灾害管理工作中的压力，并将灾害的损失和不良影响降至最低。

六 本章小结

政府自然灾害应急管理工作的成效关系到人民的生命安全和生活质量、社会经济的稳定和发展。只有切实提高自然灾害应急管理工作的效率和质量，才能真正达到以人民群众的利益和需求为出发点的要求。在履行自然灾害应急管理职能的过程中，各级政府应该做到职权清晰、分工明确，进一步完善自然灾害应急管理相关政策法规，注重应急管理的每一个阶段以更新"重救轻防"的过时理念，因地制宜地制定具有可操作性的应急预案、重建规划等，在更有效地履行灾后物质经济重建工作职能的同时，还要进一步发挥在灾民社会心理层面的恢复和重建工作中的职能。

参考文献

Robert Heath：《危机管理》，王成、宋炳辉、金瑛译，中信出版社，2004。

白鹏飞、贾群林：《社会管理视角下我国地震灾害的应对处置策略研究》，《中国应急救援》2013年第3期。

陈彪：《中国灾害管理制度变迁与绩效研究》，博士学位论文，中国地质大学，2010。

陈世栋：《废墟上的契机：汶川地震灾后重建研究》，博士学位论文，中国农业大学，2014。

付林、周晶晶：《浅议我国地方政府自然灾害应急管理》，《商业经济》2010年第1期。

高伦、翟亮智、杨子仪：《基层政府灾后应急管理研究——以陕西黄坝驿乡为例》，《法制与社会》2011年第5期。

顾锦龙：《印尼防灾减灾做法及启示》，《中国应急救援》2009年第5期。

国家发展改革委社会发展司考察组、杨京平、刘瑞：《印尼、日本促进重大灾害恢复重建的经验与启示》，《中国经贸导刊》2009年第17期。

国务院新闻办公室：《中国的减灾行动白皮书》，2009年5月11日。

侯俊东、李铭泽：《自然灾害应急管理研究综述与展望》，《防灾科技学院学报》2013年第1期。

胡百精：《危机传播管理事实与价值模型的理论假设与实践检验》，中国人民大学出版社，2007。

华颖：《中国政府自然灾害救助局限性的分析——基于汶川地震救助实践的反思》，《社会保障研究》2010年第2期。

黄明光：《借鉴国外防灾经验进一步完善我国防灾体系》，《四川职业技术学院学报》2014年第24卷第3期。

贾群林、宋劲松：《印度尼西亚和泰国灾害管理体制的建立与发展》，《中国应急救援》2014年第1期。

李虹、王志章：《地震灾害救助中的地方政府角色定位探究》，《科学决策》2011年第10期。

林闽钢、战建华：《灾害救助中的政府与NGO互动模式研究》，《上海行政学院学报》2011年第12卷第5期。

刘波、姚清林、卢振恒、马宗晋：《灾害管理学》，湖南人民出版社，1998。

刘方金：《地震灾后重建中的政府角色定位研究——以汶川地震北川恢复重建为例》，硕士学位论文，中国海洋大学，2010。

陆嘉楠：《我国政府地震应急管理体制研究》，硕士学位论文，上海交通大学，2011。

罗国亮：《灾害应对与中国政府治理方式变革研究》，博士学位论文，南开大学，2010。

莫利拉、李燕凌：《公共危机管理——农村社会突发事件预警、应急与责任机制研究》，人民出版社，2007。

彭珏琦：《我国灾后重建政策执行研究》，硕士学位论文，云南大学，2012。

史培军：《论政府在综合灾害风险防范中的作用——基于中国的实践与探讨》，《中国减灾》2013年第11期。

滕五晓、夏剑霨：《基于危机管理模式的政府应急管理体制研究》，《北京行政学院学报》2010年第2期。

滕五晓：《公共安全管理中地方政府的责任及其作用——以重庆市开县井喷事故灾害为例》，《社会科学》2005年第12期。

滕五晓：《试论防灾规划与灾害管理体制的建立》，《自然灾害学报》

2004 年第 13 卷第 3 期。

童星、陶鹏：《论我国应急管理机制的创新——基于源头治理、动态管理、应急处置相结合的理念》，《江海学刊》2013 年第 2 期。

童星、张海波：《基于中国问题的灾害管理分析框架》，《中国社会科学》2010 年第 1 期。

王飞：《台湾地区灾害防救体系》，《今日浙江》2011 年第 5 期。

王瑞芳：《台湾灾害防救体制及社工介入灾后重建的模式》，《社会工作：实务版》2011 年第 2 期。

王秀娟：《国内外自然灾害管理体制比较研究》，硕士学位论文，兰州大学，2008。

杨思友：《我国政府突发性自然灾害危机管理研究》，硕士学位论文，南京师范大学，2011。

叶欣诚：《浅谈台湾灾害防救教育推动概况》，《教育学报》2012 年第 8 卷第 5 期。

印海廷：《我国政府自然灾害应急管理的探索研究》，硕士学位论文，华中师范大学，2009。

游志斌：《当代国际救灾体系比较研究》，博士学位论文，中共中央党校，2006。

张晗、罗勇：《台湾的防灾"国家型"科技计划》，《海峡科技与产业》2013 年第 7 期。

张红萍、黄先龙、刘舒、何秉顺：《中国和意大利防灾减灾体系的对比研究》，《中国水利》2014 年第 23 期。

张柯兵、李有发:《甘肃防灾减灾救灾的实践路径及体制机制探究》,《甘肃理论学刊》2014年第3期。

张新文、罗倩倩:《自然灾害救助中政府职能探讨》,《郑州航空工业管理学院学报》2011年第4期。

张杨:《乡镇政府自然灾害管理职能研究》,硕士学位论文,中国政法大学,2011。

United Nations. (2015). Sendai Framework for Disaster Risk Reduction 2015-2030.

第二章 基层政府自然灾害应急管理研究
——以四川省汶川县映秀镇为例

简 介

自然灾害是指由于自然异常变化造成的人员伤亡、财产损失、社会失稳、资源破坏等现象或一系列事件（Bankoff，Frerks and Hilhorst，2003）。现有的实践经验和学术研究发现，自然灾害具有突发性、难预报性、紧急性、破坏性、连锁性、社会性、多样性和不可抗拒性等特点（侯俊东、李铭泽，2013）。中国由于地域辽阔、气候和地理条件复杂，历来较易遭受洪水、干旱、地震、台风和山崩等自然灾害的侵袭。因而，国内外普遍认为中国是当今世界灾害发生频率最高且受灾人数最多的国家之一（康沛竹，2009；李学举，2004；张晓宁，2013；国家减灾委，2015）。

诚然，有些自然灾害不可避免，但实践发现：自然灾害所造成的损失是与灾害应急管理的及时性和有效性成反比的（侯俊东、李铭泽，2013）。也就是说，自然灾害应急管理工作做得越充分，研究越深入，当面对自然灾害时，人们所遭受的风险损失也就越小。有效抗击较大的自然灾害是当代政府危机管理的重要职能，从政府提供公共服务类型的角度看，防灾、减灾、救灾也正是政府应该为民众提供的基本公共服务产品之一（张平军，2011）。这意味着，政府在自然灾害应急管理工作中占有至关重要的地位。特别是在中国目前以政府为主导的环境下，政府在灾害应急管理工作中的职能是其他社会工作组织无法取代的。如果政府不能及时有效地应对自然灾害，会引发信任危机，从而影响社会稳定。因此，对政府在自然灾害应急管理工作中的重点领域进行系统和深入的研究对今后开展防灾减灾工作非常必要。另外，在政府体系中，地方政府是应对自然灾害的直接主体，这就对地方政府在应对自然灾害过程中的管理功能或职能提出很高的要求（李聪聪，2013）。基于此，本章以2008年汶川地震重灾区映秀镇近年的自然灾害应急管理工作实践经验为基础，分析了我国基层政府的自然灾害应急管理工作状况，进而就加强基层政府灾害应急管理能力提出相应的政策建议，以期为我国灾害管理部门或研究机构提供数据支撑或决策依据，促进我国基层政府部门灾害应对能力的进一步提升。

一 地方政府自然灾害应急管理现状

中国的灾害应急管理随着多年减灾工作经验的逐步积累取得了很大进步。2007年颁布并实施的《中华人民共和国突发事件应对法》提出了统一领导、综合协调、分类管理、分级负责、属地管理为主的应急管理体制。然而事实上，灾害应急管理实践并没有很好地体现属地管理为主的原则；地方政府在整个灾害管理过程中大多处于从属地位，影响了防灾救灾的效果。在应急管理的过程中，担当公共管理职责的地方政府应当处于关键地位，并发挥主导作用，以有利于快速反应、及时处理，将灾害造成的损失和冲击降至最低（付林、周晶晶，2010）。

地方政府在灾害应急管理工作中已经取得了一定的成效，但目前关于其工作成效的研究主要集中于灾后的恢复重建。恢复重建工作无疑是自然灾害应急管理过程中的重要组成部分和不可或缺的环节，因为恢复重建不仅意味着补救，也意味着发展。从这个意义上讲，它不仅包括灾民紧急安置、公共基础设施等物质层面的恢复重建，还包括灾民对未来生活的信心和生存空间氛围等非物质层面的恢复重建（王晖、唐湘林，2011）。概括来讲，地方政府在自然灾害灾后恢复重建工作中取得的成效表现在五个方面：①恢复重建的主体机构逐步健全；②恢复重建的灾害救助制度初步建立；③恢复重建的社会参与力量不断壮大；④恢复重建的保险机制作用逐渐发挥；⑤地方政府的救灾问责制度进一步健全（王晖、唐湘林，2011）。

地方政府在灾害应急管理工作中虽然已经取得了一些成效，但是在各个工作阶段仍存在一些问题。具体到地方政府的防灾减灾工作，存在的主要问题可以归纳为以下几点：①地方政府应急管理的法律法规不健全；②地方政府应急预案不够细致具体，操作系统性不强；③信息通报和公开制度执行不力；④危机意识淡薄，预防灾害缺乏社会基础。而在应对灾害的过程中，地方政府又表现出现场管理欠序、临危组织救助被动、应急管理协调机制不完善、传播渠道弱化等问题。除此以外，政府体制内还缺乏专业的灾害应对工作人员，灾害救助工作经验丰富的人员比较少。在自然灾害发生后的恢复重建阶段，地方政府也存在不少问题，如王晖和唐湘林（2011）指出：①恢复重建的法律法规制度尚显缺失；②恢复重建的政府责任机制尚不完善；③恢复重建的社会化援助机制尚不健全；④恢复重建的保险保障水平尚待提升；⑤恢复重建的灾害损失补偿机制尚不健全。就政府投入而言，华颖（2011）认为救灾环节和灾后恢复重建环节占用了大部分资源，而灾前的防范环节获得的关注和资源远远不足。另外，灾害发生后，政府部门大多把工作重点放在人员安全、物资保障上，对于心理健康的重视明显不足（李虹、王志章，2010）。西方发达国家对突发性危机事件造成的心理创伤进行危机干预，不同程度地建立了国家和地区的危机干预和创伤应激障碍干预研究中心。相比较而言，我国政府和相关部门对此的认识尚不足，致使我国的灾害心理救助能力不足。最后，自然灾害的应急管理工作水平存在较大的区域差异（李保俊等，2004）。具体来讲，经济较发达地区以及灾害多发地区灾害应急的研究和管理水平相对较高，而经济欠发达地区的灾害应急研究和管理水平相对薄弱，集中表现为城市地区的应急管理水平明显高于农村地区。

二 基层政府自然灾害应急管理现状

基层政府是指县（区）以下的镇（乡）级政府，处于各级政府的底层[①]。基层政府是各级政府与公众最直接的接触面，起到了上传下达以及信息沟通的桥梁作用（高伦、翟亮智和杨子仪，2011）。张杨（2011）总结了基层政府的自然灾害管理职能，笔者在此基础上将这些职能依据灾害应急管理的不同阶段做了进一步划分，如表2-1所示。

然而，目前国内学术领域对于基层政府灾害应急管理的研究非常少。在中国知网（CNKI）对"灾害应急管理"和"基层政府"两个关键词进行搜索仅搜索到两篇相关文章。其中一篇是以陕西

---

① 当前对基层政府的界定还存在分歧，分歧点在于是否包括县级政府。

表 2-1　基层政府的自然灾害管理职能

灾前	1. 制定并及时修订本乡镇的自然灾害应急预案，开展预案的宣传和演练活动
	2. 开展针对本乡镇居民的自救能力的培训
	3. 开展本乡镇的防灾减灾工程建设，如危旧房改造、安全饮水工程、防洪堤坝建筑等
	4. 评估和识别本乡镇的自然灾害风险源和致灾因子，评估本乡镇居民的抗灾能力
	5. 开展针对本乡镇的自然灾害风险的排查和整改，并做好日常的安全巡视工作
	6. 对本乡镇区域内的老人、儿童和残疾人等易损人群做好登记造册工作，并落实灾害时的转移安置责任
	7. 整合本乡镇的物质资源，储备基于本乡镇实际条件的自然灾害应急物资
	8. 整合本乡镇的人力资源，成立以本乡镇的民兵、警务人员、医务人员、农机人员和青年志愿者等为基础的自然灾害应急队伍
灾中	9. 协助开展人员转移和安置工作，维护灾时的社会稳定
	10. 做好自然灾害的灾情信息统计和上报工作
灾后	11. 协助实施灾后救济和灾民救助工作
	12. 落实上级政府的灾害恢复计划

黄坝驿乡为例的研究（高伦、翟亮智和杨子仪，2011）。关于基层政府应对自然灾害能力的现状，该研究发现：基层政府各部门各司其职、制定应急对策、成立救灾指挥部、根据灾情制定各种应急措施。但是，这一研究仅围绕地震灾害，并没有涉及其他自然灾害，比如泥石流等地震次生灾害。另外，它只关注地震发生后的基层政府的救灾工作，而没有对基层政府的灾前预防或灾害恢复重建工作

进行深入分析。另外，在这一研究中也没有提到基层政府在灾后阶段针对灾民特殊的社会心理需求方面的工作。在另一篇文章中，巫广永（2011）概括归纳了基层政府应急管理工作中存在的问题，他指出：首先，基层政府应急管理的职能定位不明确；其次，基层政府应急管理人员对应急管理工作的认识不足、应急管理理念落后，这主要表现在"重救轻防"的思想比较浓厚，忽视对突发危机事件的排查和预防，没有很好地建立起应急预警机制；再次，基层政府应急管理执行力不足，主要表现在针对危机事件制定的应急预案操作性不强，往往是照抄照搬上级文件，没有因地制宜地制定应急预案；最后，基层政府对公民应对灾害的宣传、教育不足，导致公民缺乏应急管理意识和知识。但是，这一研究所讨论的是广义的突发危机事件管理，而突发危机事件除了自然灾害以外还包括事故灾难、公共卫生事件和社会安全事件，也就是说它并没有专门讨论自然灾害应急管理工作。

加强基层政府自然灾害应急管理能力建设有着重要的意义。概括地讲，基层政府应急管理能力提升有利于构建社会主义和谐社会，有利于维护党群关系（巫广永，2011）。而目前基层政府自然灾害应急管理相关研究相对薄弱的现状，更加突出了对基层政府自然灾害应急管理工作进行系统、深入、全面研究的必要性和重要性。做好基础性的研究工作，总结基层政府灾害应急管理工作的理论和实践经验，进而发现前期工作中存在的问题，才能促进基层政府应对自然灾害能力的进一步提升，这也是本研究的出发点和着力点。

三 研究案例——四川省汶川县映秀镇

2008年5月12日，四川省阿坝州汶川县发生里氏8.0级地震，69227人死亡，374643人受伤，18379人失踪，500万人无家可归。这是新中国成立以来破坏性最强、波及范围最广、救灾难度最大的一次地震灾害，给我国带来巨大的灾难和难以弥补的损失。面对地震灾害，各级政府在党和中央政府的坚强领导下，始终把人民生命放在第一位，从搜救被埋人员到进行医疗救护、卫生防疫，从重建住房、安置灾民，重建学校、恢复教育，到为灾区民众提供政策和资金支持、恢复生计，从生活安排到情感关怀、心理抚慰，开展了很多及时有效的灾后恢复重建工作。映秀镇作为"5·12"汶川地震的震中受灾极为严重，约9000名村民在地震中身亡，占震前村民总数的四分之三。在地震过去7年后的今天，得益于国家的政策支持和各级政府及时有效的灾后恢复重建工作，映秀镇已经焕然一新，村民不再将悲伤写在脸上，大部分人也已经逐渐走出往日的阴霾。

近年来，随着防灾、减灾、救灾经验的逐步积累，映秀镇政府的灾害应急管理工作也取得了很大的进展。更重要的是，映秀镇政

府的应急管理工作不仅重视危机爆发时的应对，还强调灾前准备和预防工作。也就是说，映秀镇政府的自然灾害应急管理工作逐步摒弃了"重救轻防"的过时理念，加强了突发危机隐患的排查和预防。比如，每年汛期来临之前，镇政府都会组织疏通河道、安排专业人员定期排查泥石流隐患点，并结合当地实际地理、气候条件，联系群众共同编写灾害应急预案，提高预案的可操作性。这些都是其他地区基层政府在自然灾害应急管理工作中所欠缺的，也是学术研究领域提出的增强基层政府执行力的关键因素（巫广永，2011）。因此，本研究选择四川省汶川县映秀镇为研究地点，主要分析映秀镇政府自然灾害应急管理工作状况，总结自2008年以来映秀镇政府自然灾害应急管理工作的实践经验，为相关部门提供数据支撑或决策依据。

四 研究问题

基于前述研究背景，本章试图探讨以下两方面问题。

第一，映秀镇政府自2008年"5·12"汶川地震以来，在自然灾害事前预防、事发应对和恢复重建的应急管理工作中有哪些实践经验，取得了哪些成效。

第二，映秀镇政府的自然灾害应急管理工作还存在哪些问题，如何应对或解决这些问题。

五　研究方法

本研究主要采用定性研究方法。具体的调研方式包括以下几种。

第一，文献研究。搜集有关该地区多年来政府在自然灾害突发事件中实施的举措的相关文献、政策和报道，纵向和横向分析政府的灾害管理行为。

第二，实地观察。深入群众，有针对性地运用问卷调查或小组访谈方式，了解当地的环境与民生，以及调查对象对政府灾害应对行为的感受、看法。

第三，深度访谈。对映秀镇各级党政机构、各部门领导及相关工作人员做一对一的深入访谈，了解当地政府应对自然灾害的能力和管理水平，以及基层干部在灾害管理工作中遇到的问题和困惑。

数据搜集完成后，又采用定性数据分析软件NVivo对数据进行内容分析（Content Analysis），也就是通过编码、归纳等方法对所有搜集到的文献、观察笔记、转录后的访谈材料等进行深入细致的分析。

六　基层政府应对自然灾害能力现状

2008年"5·12"汶川地震之后，映秀镇经历了两年的灾后恢复和重建，居民于2010年末搬回重建的镇。然而，"5·12"汶川地震使映秀镇的地质环境遭受了极大的破坏，地震诱发大量的次生地质灾害，包括山体崩塌、滑坡、泥石流等。特别是2010年的"8·14"特大山洪泥石流和2013年"7·10"特大泥石流的发生，使映秀镇的地质灾害防治工作形势变得非常严峻。

（一）应急预案因地制宜，具有较强的可操作性

2014年4月12日，即在汛期（5至10月）来临前1个月，映秀镇人民政府同时印发了两份预案：《映秀镇2014年地质灾害防御和防汛工作预案》（以下简称《工作预案》）和《映秀镇2014年地质灾害防御和防汛抢险应急预案》（以下简称《应急预案》）。其中，《工作预案》的制定依据的是国务院颁布的《地质灾害防治条例》《国家突发地质灾害应急预案》，省、州有关规定和《汶川县人民政府突发公共事件总体应急预案》。该预案的使用仅限于映秀镇，适用的地质灾害包括自然因素或人为活动引发的危害人民生命财产安全的山体崩塌、滑坡、泥石流、地面塌陷等。《工作预案》清晰地罗列了映秀镇地质灾害防治区域和防治重点，其中防治重点具体到每个村的地质灾害隐患点和隐患类型，比如"老街村豆芽坪不稳定斜坡"或"张家坪牛圈沟、麻柳沟泥石流"。另外，针对各隐患点制定的避险路线也在《工作预案》中有具体说明，比如"张家坪泥石流，沿路往天崩石停车场撤离；黄家村不稳定斜坡，

第二章 基层政府自然灾害应急管理研究

往村委会办公楼处撤离"。

《工作预案》是全镇本年度防御和防汛工作的综合性指导文件，而《应急预案》则更加具体地说明了地质灾害防御和防汛抢险工作措施。《应急预案》的编制是为了确保映秀镇地质灾害防御及防汛救灾工作有序、顺利进行，做到大灾面前临危不乱，保障人民群众的生命和财产安全。《应急预案》首先对映秀镇现有的应急资源条件进行了详细说明："映秀镇境内派出所1个，交警中队1个，民警5人，映秀消防站13人，镇政府有综治联防队员8人；8个村有应急民兵队8个，基干民兵80人。映秀镇卫生院有医务人员39人，床位30张，救护车两辆，硬件设施较齐备。基本能满足对突发事故进行第一时间处理的需要。"

基层政府做好对当地自然灾害防御应对能力和应急资源的评估工作是非常有必要的（滕五晓、夏剑霩，2010）。这不仅是基层政府制定翔实、有效的灾害应急预案的基础，也是上级政府部门了解当地灾害应急能力并及时给予相应支持的关键因素。例如，汶川县民政局每年会给映秀镇政府印发一份应急物资报表，镇政府对当地物资资源进行评估并填表汇报，这样民政局就会根据镇政府递交的物资报表把短缺的物资发到镇上，可以最大限度地避免灾害发生后应急物资短缺的情况发生。

映秀镇政府对《应急预案》的启动步骤也做了相关规定。一有紧急情况，如连降暴雨，就开始启动预案的部分板块，比如抢险、

保障道路畅通和群众疏散方案，做好预备工作。比如以2013年"7·10"特大泥石流事件为例，当时张家坪村已经连续几天下暴雨，随时有可能暴发泥石流，于是防汛办首先和映秀小学对接，准备好棉被等物资，一旦灾害发生，立即将灾民转移到学校这一临时安置点。而整个预案则在自然灾害发生后立即自动启动。虽然映秀镇政府目前尚未对灾害或灾情有明确的分级，但上述对应急预案的分步启动方式间接达到了根据灾情分级采取相应应急指挥和协调联动措施的目的。

此外，根据镇政府印发的《工作预案》和《应急预案》，映秀镇下属的7个村和1个社区也制定了相应的应急预案。这一预案是专门针对各村（社区）所在地的灾害隐患因地制宜地建立的，仅适用于该村（社区）。2014年，各村（社区）的预案印发时间为4月中下旬，虽晚于镇政府的预案印发时间，但早于汛期来临时间（5月）。预案中包括的信息主要有：①应急领导小组名单，其中组长和副组长主要由村支部书记或村主任担任，小组成员包括各村组组长、村会计、民兵队长等；②应急领导小组分工，落实责任；③当地各灾害隐患点的位置，监测员及其联系电话；④预警信号方式；⑤撤离路线；⑥善后工作。

（二）建立健全领导机构，落实责任制

映秀镇成立了防汛救灾工作指挥部，指挥长、副指挥长和执行

指挥长分别由镇党委书记、副书记，镇长和副镇长担任，统一指挥全镇的防汛救灾工作。指挥部的成员包括镇政府各级、各部门领导；镇机关事业单位负责人，如镇派出所所长和镇卫生院院长、镇供电所所长和镇电信局局长，还包括全镇各村两委主要负责人，如村主任、书记等。指挥部下设办公室，简称防汛办，副镇长担任办公室主任。一旦险情发生，由防汛办第一时间联系各部门，如交警队、派出所、消防队和卫生院等单位，大家协调配合。另外，每年进入汛期之后，防汛办会召集各机关、单位负责人开会，安排部署防汛工作。

映秀镇还成立了地质灾害救灾领导小组，组长是镇党委书记，副组长是镇政府、国土办、民政办领导共8人，小组成员包括派出所、交警队、卫生院、电信、供电所负责人，以及各村委会主任（见图2-1）。各驻村工作组成员及各村村民委员会主任负责信息传递、防汛抢险救灾数据统计上报；负责组织灾情会商，做好上级支援部门的协调工作；负责受灾农户生活紧急救济安排；配合公安部门加强治安保卫，保持社会稳定，组织疏散人员并转移至安全地

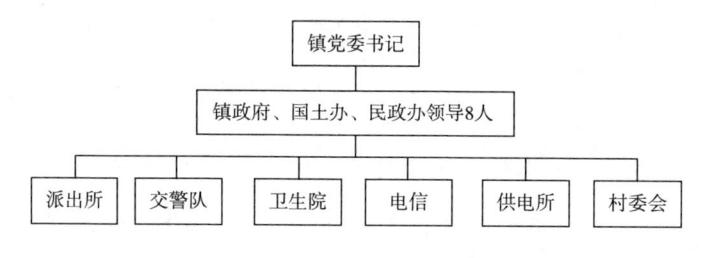

图2-1　映秀镇地质灾害救灾领导小组组织结构

点；完成组长、副组长交办的其他各项任务。

(三) 组织强有力的抢险救灾队伍

映秀镇政府设立了8个应急小组（信息收集宣传报道组、抢险救灾处置组、社会治安稳控组、交通保畅组、医疗救护组、后勤物资保障组、车辆调配应急小组和督导检查组），各组协调配合，共同应对危机。《应急预案》对每个小组的职责、应急措施、组长联系方式和小组内各组员责任分配都有详细的说明，切实做到各司其职，各负其责。

另外，为有效预防和应对各类地质灾害，映秀镇以镇党委、政府武装部组织指挥的8个民兵连共80名基干民兵为地质灾害防御和防汛抢险救灾队伍（下称民兵队），并发动广大群众积极配合完成地质灾害防御和防汛抢险救灾任务。

民兵队一般由各村18~35岁的男性村民自愿报名组成。平时民兵队会定期接受政府组织的培训，增加抢险救灾知识和提高抢险救灾能力。这支队伍属于民间组织，没有从属单位或编制，目前由镇政府统一领导。每个队员每月获得几百元的工资，汛期执勤期间一天有30元的补贴，工资和补贴由县政府支付。"5·12"汶川地震以来，民兵队已然成为映秀镇特别是各个队伍所在村子的中坚力量，他们的主要职责是救灾抢险。比如，"7·10"特大泥石流发生后，张家坪村民兵队的10名队员担负起转移村民的重任。在机械设备无法参与救援的情况下，民兵队队员挨家挨户排查村民，并用肩背或抬的方式将老弱病残或因灾受伤的村民转移至安全地点。待全部村民被安全转移后，民兵队联合本村 30 名青年志愿者担负起了保障村民房屋、财产安全和清理淤泥的责任。

（四）积极发动群众，建立"群测群防、群专结合"的灾情监测和预警体系

映秀镇防汛减灾工作的指导思想是"群测群防、群专结合"，其核心理念是动员广大群众积极投身地质灾害防治工作，提高防灾能力。这一指导思想主要体现在地质灾害隐患点的排查、灾情监测、逃生路线的制定和地灾专业知识培训工作中。

1. 地灾隐患点排查

"5·12"汶川地震之后，专业地勘部门排查了整个映秀镇的灾害隐患点共 60 个，并对这些隐患点进行命名和定性，比如泥石流或崩塌等。之后每年在汛期之前和汛期中，县国土局都会委托专业的勘测单位对映秀镇的隐患点进行 2~3 次排查。这体现了地灾隐患点排查的专业性。

2. 灾情监测

每年汛期，政府安排监测员对每个隐患点随时进行监测，对于

威胁较大的点安排专人重点监测，而对于其他已经过治理的威胁性极小的隐患点，则安排一个监测员负责监测多个点。监测员一般为各村村委会成员，如村主任或书记。他们跟普通群众一样，没有很多的防灾减灾专业知识，但他们具有丰富的生活经验，对当地地质情况也比较了解。监测员需要与镇政府签订责任书，每人每个月有100元补贴。每当降雨量加大，比如连续下雨2~3天的时候，监测员必须到隐患点去观察判断是否会形成泥石流。一旦发现险情，比如看到河水上涨漫过土地，监测员会立即向镇政府（党政办）汇报，再由党政办在汛期值班的防汛员汇报给总负责人（镇委副书记），最大限度地做好预防工作，保障老百姓生命安全。在险情排除之前，监测员要继续监控，每隔半个小时或一个小时要与政府应急工作组人员联系。整个过程要逐级上报，不可越级。

3. 制定逃生路线

2013年，镇政府组织各村村委根据自己村的地灾隐患点制定了逃生路线。鼓励村委联动村民制定逃生路线，主要是考虑到他们比较熟悉自己所在村子周边的地形，更容易找到适合村民的逃生路线和避险地点。各村将制定好的逃生方案上报后，镇政府负责人会进行实地勘察，对方案进行审核后方可通过。

4. 监测员培训

每年一进入汛期，镇政府会请县国土局的专业人员给各村的监测员进行一次专业知识培训,培训的内容主要是关于比较典型的地质灾害(泥石流、崩塌、滑坡、不稳定斜坡)的形成条件、如何防治、预防措施等。比如,泥石流是如何发生的,如何辨别泥石流险情,泥石流发生后应该如何避险等。一次培训一般是一个上午,持续2~3个小时。这样的培训目前只针对各村的监测员开展,还没有落实到普通村民。监测员在"5·12"汶川地震发生之前都没有做过防灾减灾的工作,也没有专业背景,但经过近几年的工作和学习,他们对一些基本的地灾知识和防灾方法有了更多的了解。

另外,积极发动群众在救灾物资的储备过程中也有所体现。灾难一旦发生,为受灾民众提供应急的食品是抢险救灾的首要任务之一。考虑到食品的易过期性,镇政府平时不会做过多储备。但是,当天气不好可能引发地质灾害的时候,政府会通知镇上的小卖部或超市多储备一些保质期长的食品,比如饼干、面包等,发生灾害采取应急措施的时候就直接到这些店购买。如果灾害没有发生,小卖部或超市还可以将多储存的货物卖掉,这样做不仅防止了食品过期造成浪费,还在一定程度上强化了群众的救灾意识,提升了他们的责任心。

(五) 建立适用于当地的灾害预警系统

映秀镇属于"5·12"汶川地震的极重灾区,所以党和政府都非常重视映秀镇灾害预警系统的建立和完善。2010年映秀"8·14"特大山洪泥石流发生后不久,成都人防办就在映秀镇安装了防空报警器。它属于军用防空报警系统，声音传递距离相比于其他报警系统要远很多。目前这一报警器有专人维护，雨季会安排两名值班人员保障报警系统的正常运行。

到了汛期，气象局会为各乡镇政府提供气象信息，每当发现雨量过大，县国土局、水利局和气象局就要通知镇上做好准备。映秀镇国土员负责通知各村监测员加强巡查和监测。每年汛期镇政府会给各村每位监测员配备对讲机。一般情况下，当灾害发生时，普通的电话或网络会受到极大的干扰，无法正常使用。此时，在不需要任何网络支持的情况下就可以通话的对讲机可以保障监测员与上级部门之间，以及监测员与监测员之间进行及时、有效的沟通。比如，"7·10"特大泥石流发生后，手机失去信号，村里的监测员就只能靠对讲机与镇防汛救灾工作指挥部联系。每年汛期结束后，镇防汛办会回收对讲机并进行维修保管，来年再发放。

另外，映秀镇各村还备有手摇式报警器和高音喇叭。自然灾害发生后，村委会还会使用敲铜锣的方式提醒村民注意快速撤离。使用铜锣是因为它的声音能传播得很远，百米外都能听到，而其他高科技设备，比如手摇报警器，声音传播范围有限。

(六) 通过宣传教育和演练，提高群众的防灾意识和灾害应对能力

每年汛期开始之前，映秀镇国土员负责给各村村委和村民发

放"两卡一表",即明白卡、避险卡和预案表。其中,明白卡和避险卡主要发放给受到灾害威胁的村民,告知他们危机将要发生或已经发生时,他们应该如何辨别预警信号、跟谁联系及如何转移等。受威胁村民的信息由各村监测员即村委会提供,他们负责统计和判断各自村上的隐患点会威胁到多少户,共有多少人。

另外,镇政府和村委每年都会在汛期之前组织村民进行逃生演练,提高他们的防灾避险意识和能力。演练包括熟悉逃跑路线、识别信号(听到哪个信号要跑)、安排高音喇叭、通知灾民撤离。通过近几年的宣传和演练,村民的防灾避险意识有了显著提高。笔者对映秀镇一个泥石流易发村进行走访和问卷调查发现,该村73%的村民表示他们清楚地知道一些泥石流发生前的预兆,95%的村民清楚地知道该村哪些地方容易发生泥石流,68%的村民知道在泥石流发生时应该如何避险。

(七)协调联动,建立灾情统计和信息报送机制

危机发生后,灾情信息的收集、统计和报送便成为应急管理中关键而繁重的工作。映秀镇以协调联动为基础,建立了层级式的灾情统计和信息报送机制。以"7·10"特大泥石流为例,灾情发生后,8个应急小组之一的"信息收集宣传报道组"是信息传递的枢纽,负责灾情的上传下达工作。该小组要在危机发生后的半小时内从其他7个应急小组处收集灾情信息,主要内容有:受灾群众有多

少，已经转移了多少，转移到了哪个位置，还有多少没有转移；救灾物资有多少，是否充裕；地灾监测信息等。另外，每个村都有自己的灾害应急小组，主要由村两委组成。灾害发生后，各村小组成员会及时将灾情通过对讲机等向"信息收集宣传报道组"汇报。

收集到的灾情信息经领导审核后，由"信息收集宣传报道组"立即报送县级部门，包括县政府、县应急办、县防汛办和县民政局。报送方式包括两种，第一是紧急应急报送，即灾害发生后一小时内的信息报送，主要报送人员伤亡或遇险情况；第二是定点报送，比如分三个不同的时间点（上午11点，下午5点，晚上12点）向上级报送信息。向县级部门报送信息的途径也有两种：一是在通电情况下通过网络报送；二是在网络和通信中断的情况下用卫星电话和电台报送。危机过程中，镇上各小组工作人员用对讲机彼此联系。

（八）集中安置灾民，发放救灾物资，满足不同人群的需要

灾害发生后的应急阶段，给灾民提供救灾物资，满足他们最基本的生活需求，是基层政府义不容辞的责任。除了保障物资数量充足，映秀镇灾害应急指挥部在准备和分发救灾物资的时候还考虑到了不同群体的特殊需求。比如，为婴儿提供纸尿裤、牛奶或稀饭；为妇女提供卫生用品；为老年人和儿童提供鸡蛋，补充营养；孕妇和残疾人也会得到卫生院的特殊照顾。这种物资发放模式不仅有效

缓解了紧急情况下应急物资不足或不能及时到位的压力，还在一定程度上降低了受灾群众，特别是老弱病残孕等弱势群体因灾受伤、患病或营养不良情况的发生。

七 基层政府在自然灾害应急管理中存在的问题及对策建议

近年来，随着防灾、减灾、救灾经验的逐步积累，映秀镇的灾害应急管理工作逐步完善并取得巨大成效。更重要的是，映秀镇基层政府在灾害应急管理过程中不仅重视危机爆发时的应对，而且将很多精力投入危机前的预防和预警工作中。也就是说，映秀镇政府的自然灾害应急管理工作摒弃了"重救轻防"的落后理念，更加重视突发危机事件的排查和预防工作。尽管如此，通过系统的研究，笔者发现其中也存在一些问题有待解决。

（一）基层政府体制内还缺乏专业的灾害监测和危机应对人员

映秀镇政府积极成立防汛救灾工作指挥部、办公室和地质灾害救灾领导小组，并在各村（社区）成立灾害应急小组，但这一体制内尚缺乏专业的工作人员。负责执行日常防汛减灾工作的人员在"5·12"汶川地震之后才开始接触这方面的工作，也没有相关的专业背景。各村（社区）的应急小组成员都是普通民众，虽然与外来人相比，他们对当地的地貌、地形更加了解，但专业知识，如地质分析和地灾监测等还是相当缺乏的。虽然有县国土局等上级部门的监督、支持和培训，而且经过几年的工作，基层政府的工作人员已经积累了一些经验，并掌握了一些基本的知识和方法，但他们仍处于边工作边学习的状态。这一问题直接导致基层政府灾害管理方法和防灾技术的落后。这就要求基层政府重视对灾害管理相关工作人员的教育或培训，或是选拔有相关专业背景的人员从事灾害管理工作。

（二）政府应急预案应完善灾情分级响应机制

虽然映秀镇政府在应急预案中规定了比较详细的预案启动步骤，但尚缺乏对灾情的分级以及相对应的响应方式。我国民政部于2006年4月5日印发的《民政部应对突发性自然灾害工作规程（修订稿）》将应对突发性自然灾害工作设定为四个响应等级（一、二、三、四级），其划分标准是因灾死亡人数、转移安置人数和倒塌房屋间数，并明确了各个响应等级的工作规程（陈彪，2010）。映秀镇的应急预案应当将这种划分结合到实际的预案启动步骤中，以便与上级政府对当地灾害的应急响应更好地衔接，并每一次自然灾害的具体规模、性质、特点和可能造成的社会危害，具体规定预警与预防机制、组织指挥体系与职责、处置程序、应急保障措施以及事后恢复与重建等内容（俞青、牛春华，2012）。

（三）对地灾监测员的安全保障工作尚待完善

各村（社区）的地灾监测员可以说是映秀镇整个灾害应急管理系统中最基层的工作人员，也是最重要的组成部分。在非紧急情况下，他们要负责统筹全村（社区）的灾害应急工作，并定期对自己负责的灾害隐患点进行排查。每个月几百元的补助虽然不多，但调查中笔者发现监测员对自己的工作都非常认真负责，这主要是因为他们认为这份工作关系到父老乡亲的生命安全，绝对不能马虎。"7·10"特大泥石流发生时，就有村干部为了快速转移其他村民无暇照顾自己的家人，结果家人却受伤了。

然而，笔者了解到，目前基层政府对地灾监测员的安全保障工作做得不够。特别是在紧急情况下的地灾监测中，如暴雨期间到灾害隐患点观察灾情，此时监测员身处地灾暴发点，一旦危机发生，他们甚至连逃跑的时间都没有，生命会受到威胁。在这种情况下，基层政府为监测员购买意外保险并加大对他们的人身安全保障是非常必要的。

（四）居民的自救能力有待加强

"群测群防"是映秀镇基层政府灾害应急管理工作的指导思想。近年来始终践行这一理念，大力宣传防灾避险知识，定期组织培训和预案演练，确实提升了居民的灾害意识。但是，笔者通过问卷调查发现，仍有46%的村民不清楚为应对泥石流等地质灾害应该做哪些准备（比如应急包的准备），其中老年人占绝大多数。另外，问卷调查结果还显示，一半以上的成年男性和女性不能够进行一些简单的紧急救护，如人工呼吸或包扎伤口等。而映秀镇政府邀请专家为居民开展的培训目前也只落实到了各村（社区）的村委会成员或监测员，普通居民还没有机会接受系统的教育或培训。这一不足也受现实情况的制约。笔者通过访谈了解到，普通村民对这种授课式的培训兴趣不大。这也提醒基层政府应采取居民更易接受的宣传教育方式，提升居民的防灾避险知识和能力。比如在社区安装LED显示屏滚动或定时播放地质灾害的宣传片，或是通过预案演练，提高人们对突发事件的反应能力。

（五）基层政府缺乏对灾民非物质方面恢复重建的安排

在灾害发生后的恢复和重建阶段，基层政府的工作主要围绕物质方面，如房屋修补重建、经济补偿或通过硬件设施建设来提高受灾地区应对灾害的能力。然而，基层政府在灾后恢复工作中忽视了对灾区文化生活的重建，尤其忽略了灾民价值观的建立和社区人际关系的恢复。此外，灾害可能造成的社会问题会给灾民心理健康造成的影响也没有得到基层政府的关注。

但是，映秀镇基层政府非常支持和重视社会化的援助，这也是"5·12"汶川地震给当地留下来的传统。"5·12"汶川地震后，各种社会工作组织、民间组织和高校自发组织人力、物力和财力，踊跃参加了震后救援和恢复重建工作。这些社会力量尤其关注灾民的心理健康，并为他们提供心理咨询或实施其他社会心理干预，修复灾民的心灵创伤，恢复家庭凝聚力，提升社区活力，已然成为政府救灾的角色补充，因而当地政府也非常认可和接受社会工作组织的灾害救助工作。

（六）基层政府应逐步将社会服务类组织纳入灾害应急管理体系中

社会工作组织在灾害应急管理中发挥的重要作用和取得的工作成效不断显现，在灾害应急管理过程中，政府与社会服务组织相互配合，共同服务于受灾群众已经成为我国政府应急管理的常规策略。可是，这种合作往往出现在应急管理的危机中和危机后两个阶段，即社会服务组织参与抢险救灾、灾民转移安置和灾后重建工作。虽然这种介入方式能够有效提高政府应急管理的工作成效，但是依然有一些缺陷降低了政府与社会工作组织的合作效率：①这种合作往往只是临时性的应急合作，政府对于社会工作组织的背景、擅长的服务领域和工作方式不够了解，互相之间不能很快地建立信任关系；②政府的灾害应急管理预案中没有社会工作组织的位置，往往使社会工作组织沦为政府应急管理的附庸和"万金油"，即没有明确的介入目标和服务计划，仅仅跟随政府的指示开展工作,所做的工作与政府其他工作人员并没有区别,不能利用社会工作组织专业特色,没有实现社会资源的优化配置。

在映秀镇政府的应急管理实践中,当地的社会工作组织积极参与灾害发生后的应急管理工作,帮助政府安抚和安置灾民,有序发放救援物资,这些实践都取得了很好的效果,为其他地区政府和社会工作组织在防灾减灾应急管理方面的合作做出了非常有益的示范。不过,这样的合作依然是灾害来临之后的临时性举措,仍然有可改进的空间。

在灾害应急管理的合作过程中,社会工作组织不仅可以在灾害发生中和灾害发生后起到重要的作用,在灾害发生之前,也可以通过社区教育和志愿者培训等社工常用的工作手法,配合政府完成防灾减灾工作,也可以在民众中针对不同的灾害弱势群体(如儿童、老人、妇女等)普及灾害知识,形成普通民众之间互帮互助的机制和良好的社区氛围,帮助政府形成更完备的减灾防灾日常准备工作方案。

同时,在灾难发生之前的准备阶段,政府也可以通过与当地社会工作组织的沟通,了解当地社会工作组织的资源、工作内容和工作方式,在应急预案中,明确社会工作组织应该起到的作用和需要配合政府完成的任务,并给予一定的资源保障,以保证社会工作组织的服务效果。通过这样的方式,政府可以把社会工作组织纳入政府的应急管理体系中，在整个应急管理周期的不同阶段，社会工作组织可以同其他政府部门一样各司其职、各安其位，更有效率、有计划地开展应急管理工作，以实现社会力量的整合、有序进入和优化配置。

八 本章小结

灾害应急反应要求在灾害即将发生及发生后立即采取对策，这就要求在灾害发生前对某区域致灾因子的风险性和承灾体的脆弱性进行评估，并对可能发生的灾害做出预测，以此为基础编制灾害应急预案，做好救灾准备（李保俊等，2004）。这与联合国《2015～2030年仙台减轻灾害风险框架》中提出的"了解自然灾害风险，包括自然灾害造成的易损性、波及范围、灾害特点、环境和应对能力等，是制定和实施合适、有效的灾害应急预案的基础"的要求是一致的（United Nations, 2015）。我国政府在过去25年的防灾减灾工作中，不断转变观念，不断建立和完善防灾减灾的体制和机制，加强灾害的监测、预报和风险评估，加强灾前防范（国家减灾委，2015）。映秀镇政府顺应这一转变，充分发挥了基层政府的职能，在近几年的灾害应急管理工作中取得了突破性进展，不仅摒弃了"重救轻防"的灾害管理方式，还在"群测群防，群专结合"理念的指导下，加大了对灾害监测、预测和预警工作的投入，并且强调群众参与，自下而上地提高居民的灾害意识和灾害应对能力。虽然仍存在一些问题和不足，但笔者认为映秀镇基层政府的灾害应急管理工作模式可以为其他类似的灾害多发、易发地区或社区所借鉴。

参考文献

陈彪：《中国灾害管理制度变迁与绩效研究》，博士学位论文，中国地质大学，2010。

高伦、翟亮智、杨子仪：《基层政府灾后应急管理研究——以陕西黄坝驿乡为例》，《法制与社会》2011年第5期。

国家减灾委：Review and prospects of China's 25 - year comprehensive disaster reduction. Document prepared for the 3rd UN world conference on Disaster Risk Reduction, 2015.

付林、周晶晶：《浅议我国地方政府自然灾害应急管理》，《商业经济》2010年第1期。

侯俊东、李铭泽：《自然灾害应急管理研究综述与展望》，《防灾科技学院学报》2013年第15卷第1期。

华颖：《中国政府防灾减灾投入的优化机制》，《甘肃社会科学》2011年第6期。

康沛竹：《当代中国防灾救灾的成就与经验》，《当代中国史研究》2009年第16卷第5期。

李保俊、袁艺、邹铭、范一大、周俊华：《中国自然灾害应急管理研究进展与对策》,《自然灾害学报》2004 年第 13 卷第 3 期。

李聪聪:《浅论自然灾害应急管理中地方政府的职能与应急机制构建》,《才智》2013 年第 29 期。

李虹、王志章:《地震灾害救助中的地方政府角色定位探究》,《科学决策》2010 年第 10 期。

李学举:《中国的自然灾害与灾害管理》,《CPA 中国行政管理》2004 年第 8 期。

滕五晓、夏剑霙:《基于危机管理模式的政府应急管理体制研究》,《北京行政学院学报》2010 年第 2 期。

王晖、唐湘林:《地方政府应对自然灾害恢复重建中存在的问题与对策研究——基于湖南若干县(市)的实证分析》,《湘潭大学学报》(哲学社会科学版)2011 年第 5 期。

巫广永:《基层政府应急管理存在的问题及对策研究》,《理论观察》2011 年第 6 期。

俞青、牛春华:《县级政府在特大自然灾害应对中的"短板"研究——以舟曲特大山洪泥石流灾害应急处置为例》,《开发研究》2012 年第 2 期。

张平军:《西部地方政府应对的地质自然灾害问题》,《发展研究》2011 年第 5 期。

张晓宁:《我国自然灾害风险管理现状与展望》,《中国减灾》2013 年 8 月上。

张杨:《乡镇政府自然灾害管理职能研究》,硕士学位论文,中国政法大学,2011。

Bankoff, G., Frerks, G., Hilhorst, D. (2003). *Mapping Vulnerability: Disasters, Development and People.* Michigan: Earthscan Publications.

United Nations (2015). Sendai Framework for Disaster Risk Reduction 2015–2030.

第三章　灾区基层干部心理健康状况与社会工作介入模式探析

简　介

中国是世界上最易遭受各种严重自然灾害侵袭的国家之一（李学举，2004）。而在自然灾害发生之后，考虑到民间机构的发展欠完善和专业化社会服务组织体系比较薄弱（赵新峰，2008），政府机构在抢险救灾和灾后恢复工作的整个过程中始终起主导作用，并且政府机构的某些职能是其他社会工作组织无法取代的。而属于县（区）级以下的基层政府作为各级政府的底层，是各级政府与公众最直接的接触面，起到上传下达以及信息沟通的桥梁作用（高伦、翟亮智、杨子仪，2011），因而在灾后工作中的角色和作用显得尤其突出。尽管和普通受灾群众一样承受了巨大的物质损失、心灵创伤，甚者丧失至亲，然而，灾区基层干部考虑到自己是重建工作的领头人，毅然选择了舍小家、顾大家。比如，"5·12"汶川地震重灾区绵竹市有的乡镇基层干部的直系亲属在地震中伤亡很大，而他们选择独自忍受失去亲人的痛苦，继续面对千头万绪的各项救灾和重建任务，或以高强度的工作来掩盖痛苦的心情，但这一做法很难缓解他们的哀伤心理（韦克难，2009）。

在巨大的自然灾害中，社工作为我国一股新兴的社会力量，在不同阶段的救灾工作中扮演着越来越重要的角色并发挥着其他灾后救援队伍，包括广大官兵、医疗工作者和心理学专家无法替代的作用。在"5·12"汶川地震之后迅速发展起来的我国本土灾害社会工作队伍在灾区的实践已经初具规模，对象、内容、形式都呈现多样性态势，但其服务覆盖的灾民群体仍集中在儿童、老人、残疾人士或贫困人群等一般意义上的弱势群体。周利敏（2014）认为，在灾害服务过程中，所有受灾群体都应被作为广义上的弱势群体纳入服务范围，以便他们能及时接受危机介入、心理疏导、关系重建和秩序恢复等专业服务。但是，同属于受灾群体的灾区基层干部在灾后工作、生活中的心理健康状况并没有得到灾害社会工作实践者或理论研究者的足够关注。2014年8月3日云南省昭通市鲁甸县发生里氏6.5级地震，地震发生后一个月，云南省民政部门负责统筹救灾工作的专家和领导们提出，震后县、乡镇和村委会的基层干部精神压力过大，存在失眠和焦虑的问题，他们建议将要赶赴鲁甸灾区的社工为这一群体提供心理援助。

在本章，笔者首先对有关灾区基层干部心理健康状况的研究文献进行了系统的梳理，发现我国灾区，主要是地震重灾区的基层干部心理健康状况着实令人担忧。进而，笔者讨论了已有的社工对灾区基层干部心理健康介入的理念和方法，并在"SICHUAN"模式的理论指导下，通过访谈等实地调查，提出了社会工作介入灾区基层干部社会心理问题的对策建议。本章旨在为中国内地的灾害社会工作研究和实践提供有价值的参考。

一 我国灾区基层干部心理健康状况

（一）文献收集方法

文献检索所使用数据库为中国期刊全文数据库与谷歌学术（Google Scholar），搜索选择项为"全文"，关键词有"灾区基层干部""灾后干部心理""灾区工作人员""灾区政府人员""灾害社会工作""灾后社工介入"等，搜索年限为2008~2014年。之所以选择2008年，是因为2008年"5·12"汶川地震对于内地灾害社会工作发展来说是个特殊的日子，这是社会工作首次介入特大地震灾害服务（周利敏，2014）。自此，社会工作实务发展迅速，灾害服务经验不断积累，中国内地的社会工作专业队伍逐渐壮大。笔者搜索到与中国大陆灾区基层干部心理健康状况相关的学术期刊文章和学位论文共 21 篇，其中英文文章两篇，相关报纸的新闻报道若干，涉及社工介入灾区基层干部心理援助的学术文献 2 篇，专著 3 本。

通过对文献的梳理，笔者发现，现有研究的时间范围跨度为 2009~2013 年，关注的自然灾害事件较为统一，也就是"5·12"汶川地震。仅有一篇文章的研究对象为甘肃舟曲泥石流灾区的基层干部，其余文献的研究对象均为"5·12"汶川地震后四川各灾区的基层干部，覆盖市、县、乡镇、村各级各部门干部。

（二）灾区基层干部的心理健康状况堪忧

1. 创伤后应激障碍

大部分现有研究都描述了灾区基层干部在灾害发生后不同时期心理健康问题的发生率。"5·12"汶川地震发生后 7~9 周，沈兴华等（2009）调查了茂县灾区在防震棚内坚持工作的县政府机关干部 64 人，发现创伤后应激障碍（PTSD）阳性率达到 23.43%。地震发生一年后，北川县 2318 名干部心理体检的结果表明 25.7% 的干部有创伤后应激障碍症状，22.4% 有中度或中度以上抑郁症状，11.65% 有中度或中度以上焦虑症状，7.76% 有自杀想法，并且 2.1% 的干部的自杀意愿达到了中度（何浩，2010）。同样，汶川地

第三章 灾区基层干部心理健康状况与社会工作介入模式探析

震发生一年后，王秀丽等（2010）对某极重灾区 401 位干部的研究显示极重灾区干部的 PTSD 阳性率为 23.94%，而焦虑、抑郁症状发生率分别为 45.39% 和 50.62%。冯春等（2010）在地震发生一年后对四川平武县地震灾区的 378 名乡镇干部（包括极重、重、轻灾区的干部）进行了调查，发现 PTSD 的发病率是 30.1%，焦虑、抑郁共病的发病率为 38.7%。黄国平、吴俊林（2012a）发现汶川地震一年后北川干部当中 33.8% PTSD 三大症状均呈阳性，抑郁、焦虑得分均显著高于国内一般人群，并且 PTSD、抑郁、焦虑共病现象普遍。蒋麒麟等（2011）调查了地震后一年半汉源重灾区的 580 名机关干部，发现该群体总体的抑郁、焦虑等症状显著高于国内常模，且达到阳性标准（包括需要一般关注、个别关注和重点关注的干部）的为 124 人，占总人数的 21.38%。直至地震发生 3 年后，仍有研究显示某重灾区基层干部的抑郁、焦虑症状的检出率较高，分别为 22.4% 和 30.0%（吴俊林，2012）。另外，重灾区的干部作为救援人员更倾向于采取"自罪"的态度面对灾难，这可能是救援人员认为自己付出的不够，有自我谴责的倾向（沃建中，2008）。

总体而言，由于各个研究的研究对象、时间、测量工具等的不同，现有研究结果中有关灾区基层干部的创伤后应激障碍、抑郁、焦虑等心理健康问题的发生率有些许出入，但是仍能清楚地看到灾区基层干部心理健康状况并不乐观、不容忽视且亟待关注

的现实。同样，从现有的研究结果来看，基层干部的心理危机症状并没有随着时间的推移而大幅度减轻，这可能说明自然灾害给他们的心理带来的影响或造成的创伤是长期的，需要给予持续的关注才能缓解。

2. 非病理性心理健康问题

除了一般病理学意义上的心理健康问题之外，许多学术文献以及相关报道也谈到了灾区基层干部当中出现的更广泛意义上的工作压力过大、心理无法调适和生活质量下降的情况。在工作方面，因为灾区的重建任务艰巨繁复，而灾区基层干部队伍又因为灾难造成的伤亡蒙受了巨大损失，所以在灾后重建中往往出现干部数量不足的状况，使现有干部为了应对上级指派的任务而疲于奔命（杨颖、邹泓和屈智勇，2010；Wang et al.，2013）。比如，笔者在映秀镇张家坪村了解2013年7月10日泥石流暴发后的情况时，村委书记（同时也是该村地质灾害监测员，负责管理本次的灾害应急工作）这样描述：

（当时）我自己的家人根本顾不上，挖掘机来的时候我就喊村民跟着大部队走，根本顾不了家人啊。那时我们的村主任，他也在忙着指挥村民转移，照顾不了家人。他的爱人刚好怀起娃娃，都流产了。所以也是，天灾还是恼火。我们把百姓

第三章 灾区基层干部心理健康状况与社会工作介入模式探析

转移到小学以后，就是我在现场负责。

沃建中（2008）进一步提出了"5·12"汶川地震后，存在于四川重灾区救援人员（包括负责救灾工作的领导干部）中的"继发性疲劳综合征"，也就是说，高强度的救援工作和巨大的压力可能会使救援人员出现坐立不安、过度兴奋及活动增多的现象，有些人不能允许自己休息，在极为疲惫的情况下还坚持救灾工作。此外，基层干部工作在灾区一线，是政策的直接执行者，而且多数没有相关的灾后工作经验。在这样的情况下，如果工作出现疏忽，可能会受到上级的批评和群众的埋怨，承受着多重压力（蔡冬栋，2009；Wang et al.，2010，2013）。比如，王晖和唐湘林（2011）指出，在自然灾害应急管理工作中，问责的对象多为一线的乡镇干部，受处分原因多为救灾不力。

在生活上，灾区基层干部也有许多需要承担的责任和克服的问题。文献中提到了灾区干部自身的损失情况，包括失去亲友、同事和遭受房屋财产损失等（杨颖、邹泓和屈智勇，2010；Wang et al.，2010）。丧亲的悲痛对灾区基层干部和普通灾民造成的影响并无二异，而灾区干部却承担着给灾民做思想工作以及担当"主心骨"的责任（衡洁，2008；江毅、叶建平，2008；蔡冬栋，2009；杨欢欢、余江，2009；Wang et al.，2010），这需要干部有较强的心理承受能力和调适能力，否则便很容易出现心理问题，如浮躁、恐慌、疲劳、不安、孤独、无助、压抑、悲痛甚至产生自杀念头等（王树武，2010；杨颖等，2010；Wang et al., 2010）。

柳拯将负责灾区重建的管理人员定义为"似乎是强势但却心理弱势的群体"：灾害发生后，由于手中聚集了大量救助资源，因而他们身处"强势"地位；同时这些群体的心理需要往往很难得到社会，尤其是社会工作者的关注，因而他们属于"心理弱势"群体。家庭遭受财产损失、亲人伤亡和繁重的救灾任务的多重压力使不少灾区管理者心理紧张。一些人员身心交困，甚者因为难以承受心理压力选择自杀以寻求解脱。这就表明，党委政府和社会工作者需要把对这类群体的心理关怀纳入社会工作服务范围（柳拯，2012）。

除了精神上的压力之外，灾后的物质生活条件也十分艰苦，大部分基层干部的待遇并没有因为工作任务的成倍增长而相应提高，有一些地区的工资水平甚至比灾前还有所下降（蔡冬栋，2009）；再加上灾区住房受损情况严重，基本的居住条件可能都无法满足（衡洁，2008；江毅、叶建平，2008）。生活上的窘迫会加重心理上的压力和不适应感（杨颖、邹泓和屈智勇，2010；Wang et al., 2013），使基层干部成为"灾民中的灾民"（江毅、叶建平，2008）。

（三）影响灾区基层干部心理健康的因素

在描述了灾区干部心理健康状况之后，一些研究进一步分析了

第三章 灾区基层干部心理健康状况与社会工作介入模式探析

这些心理问题与其他人口学因素或保护性因素的相关性，对灾区基层干部这一整体的差异性进行了关注。例如，当地受灾程度更重、汉族、本人或家人受伤、住房损毁、地震中有强烈的害怕/无助/恐怖感受群体的PTSD阳性率明显高于受灾较轻地区、非汉族、本人或家人无受伤、住房未损毁和感受轻微群体；并且良好的领悟社会支持能力是灾区干部免受或少受PTSD、焦虑、抑郁等症状困扰的保护因素（王秀丽等，2010）。冯春等（2010）发现在抑郁总分上重灾区高于轻灾区，而在领悟社会支持总分上重灾区低于轻灾区。黄国平、吴俊林（2012a）发现民族、年龄、受教育程度、婚姻状况、亲人遇难、房屋倒塌、身体受伤等因素均会影响干部群体的PTSD、焦虑、抑郁等症状。不同层级的干部在症状严重程度上也有所区别，例如蒋麒麟等（2011）发现在汉源县灾区的本地干部中，正科级法人干部较其他干部心理健康问题更为严重，这可能是由于正科级干部的法人代表身份所带来的工作任务繁重和更具艰巨性等原因。另外，陈伟（2013）也发现灾区乡镇干部中有PTSD症状的比例显著高于县级机关干部；在负性生活事件、家庭有关问题、学习或工作中的问题、社交及其他问题上，乡镇干部的情况严重程度也明显高于县机关干部。吴俊林（2012）对地震三年后某重灾区的基层干部的研究显示，抑郁、焦虑、失眠、酒精依赖等因素均对干部的生理、心理，环境，社会维度的生存质量产生不同程度的影响。此外，婚姻状况、受教育程度也具有明显预测作用。黄国平、吴俊林（2012b）调查了灾后一年北川灾区基层干部的生存质量，发现 PTSD 症状与生存质量的各个领域有明显的负相关关系，而男性、汉族和年龄小于 30 岁的群体在生存质量的某些领域的情况要好于女性、羌族和年龄较长群体。值得一提的是，该研究同时发现北川基层干部作为一个整体的社会关系满意度高于一般人群。

现有研究在时间、地域、人口统计学因素跨度上对灾区基层干部群体的多样性有所覆盖，对该群体的心理健康状况的描述和初步研究具有一定的参考价值。劣势则体现在样本和抽样过程的描述不足上，这使横向比较的可能性和研究结果的推广受到一定影响。在定量研究中，样本数据通常被拿来和国内常模比较，而不是与同期非地震灾区类似群体进行对比，这可能会使对结果的阐释受到常模时间迁移的影响。所有研究均为横断面研究，缺乏纵向研究，使研究只能停留在简单的比较和相关关系的层面上。此外，由于地震灾区的情况比较特殊，大多为比较偏远、少数民族聚居的山区，目前研究使用的译自西方的量表可能存在一些本土化不足、不适应当地文化的情况，所以不排除因为量表本身的原因产生的信度问题。但是总体说来，上述研究成果集中反映了灾区干部心理健康问题亟待关注的现实。

二 灾区基层干部对心理支持的需求

针对灾区基层干部可能和已经出现的心理健康问题，有关政府部门机构和社会工作组织及时采取了一些措施，起到了一定的积极作用，这在相关文献和报道中也有所体现。上级政府针对灾区基层干部心理健康的关爱措施主要有展开心理辅导、鼓励甚至强制休假、组织到外地疗养等（领导决策信息，2008；衡洁，2008；钟禾等，2009；甘肃省文县县委组织部，2010；杨颖、邹泓和屈智勇，2010）。其中，心理辅导包括针对个案的专业心理疏导、心理健康知识培训和进行相关心理减压活动（领导决策信息，2008；衡洁，2008；杨颖、邹泓和屈智勇，2010）。然而，陈伟（2013）对"5·12"汶川地震四年后多个重灾区基层干部的调查发现，地震后接受过心理卫生服务的干部仅占总调查人数的20.3%，而49.4%的干部认为自己目前需要接受心理卫生服务，71.3%的干部认为心理卫生服务应该定期进行。这些数字进一步阐明了灾区基层干部对心理健康援助服务的迫切需求，并揭露了当下服务数量和资源的短缺状况。

笔者在与映秀镇减灾办领导的访谈中了解到，2008年"5·12"汶川地震发生时，大家在内部互相给予支持和鼓励，上级部门也对他们非常关心。而后，2010年"8·14"特大山洪泥石流爆发，灾情相对稳定之后，映秀镇基层政府工作人员被强制休假十天。同时，笔者还发现，上级领导与基层干部"同甘共苦"的态度能够给予后者巨大的心理支持和鼓励。比如，映秀镇减灾办工作人员这样说：

(上级)领导来得多，基本上有灾情领导也都在第一线，大家都一样，领导也要熬夜啊。领导都这个样子，职工也没什么说的，比如说"8·14"下来，我们也没有地方洗澡，因为当时都住的是板房，还没有搬到楼房里面去，领导也不能洗澡啊，大家都一样的，都处于平等的地位，也没有谁搞特殊，职工就感觉大家都在一起，你也过得，我也过得，就是这个样子。

三 社会工作介入灾区基层干部心理

灾害社会工作是指社会工作者以遭遇自然灾害或社会灾害正常生活受到影响的人民群众为服务对象，坚持"助人自助"的价值观，运用包括个案工作、小组工作、社区工作、社会行政等专业方法，提供支持和服务，帮助他们脱离危险、走出困境、恢复正常生活的服务活动（谭祖雪等，2011）。2008年可以说是中国内地灾害社会工作元年。自此，社会工作实务发展迅速，取得了显著的成绩，灾害服务经验不断积累，不断满足受灾群众需求和促进灾区社会发展等（周利敏，2014）。因此，总体上看，"5·12"汶川地震后在灾区范围内长期持续的专业社会服务极大地促进了我国灾害社会工作理论和实践的发展。从服务对象看，我国目前社会工作灾害救援服务已经涵盖灾区儿童、青少年、妇女、残疾人、老年人以及

第三章 灾区基层干部心理健康状况与社会工作介入模式探析

普通受灾群众等各类人群（柴定红、周琴，2013）。但是，在针对特别的灾民群体，如基层干部、医护人员或民兵队等灾后第一时间直接参与应急抢险的工作人员，灾害社会工作的服务技巧和理论反思等方面还存在明显的不足。

在本部分内容中，笔者首先回顾有关社会工作介入灾区基层干部心理问题的实践，从而指出实践的优势和不足。笔者进而提出了社会心理（psychosocial）的概念，并介绍了在这一概念的引导下建立起来的灾害社会心理工作模式——"SICHUAN"模式（Sim，2013）。最后，笔者以这一模式为理论框架，结合与10名社工和社会工作专业老师的访谈，提出了社工介入灾区基层干部社会心理问题的对策建议。

（一）社会工作介入灾区基层干部社会心理问题的实践

相比于儿童、妇女和老年人等灾区弱势群体，灾区基层干部属于在灾害社会工作实践或理论探讨中较少被提及的一个群体。尽管如此，对于灾区基层干部心理危机的干预实践并不是完全空白的，尤其是"5·12"汶川地震发生以后，已经开始出现以政府为主导的针对灾区干部心理的社会工作服务。在汶川地震发生半年后，2008年11月9日，四川省委组织部启动了"灾区基层干部心理援助计划"，联合了西南财经大学、西南石油大学、西南民族大学和四川农业大学，在绵竹等5个极重灾区设置社会工作站开展心理援助服务，以缓解灾区基层干部的心理压力（韦克难，2009）。这一举措表明政府对灾区干部的心理健康问题的严峻程度有了一定的了解和关注，且对社会工作服务在这一领域能够起到的作用也有所认识和肯定。陈伟（2013）在缓解灾区基层干部心理压力的对策中谈到要在灾区重建中加强社会工作的作用。该调查发现灾区干部认为社工能够缓解他们的工作、心理压力，为解决灾区实际问题提供帮助。

同样，王松、李林（2010）以"湘川情"社会工作服务队的具体服务为例，列举了一些社工介入灾区干部心理援助的方法，包括开展个案和团体心理辅导，运用科学的仪器和方法进行心理治疗，对干部开展培训以提升他们在灾后重建中的心理素质和社会管理能力，倡导要给予一定的政策倾斜和制定完善的制度来矫正干部失衡的心态。西南财经大学绵竹社会工作站是以灾区基层干部心理援助为目标而建立的，属于"灾区基层干部心理援助计划"的一部分，其服务对象为整个绵竹市的市、乡镇、村三级基层干部（韦克难，2009）。该工作站通过初期对各级干部的量表调查结果进行筛选，确定了其家属（支持系统）需要心理援助、需要团体心理辅导和需要个案辅导的对象，然后根据需求开展了相应的干预工作，得到了良好的反馈。

总体来说，社工在灾区基层干部的心理援助方面已经有了初步的实践，但实践中通常优先采用病理学的方法，以"治疗"为行动的指导思想，主要措施或介入方式局限于团体的心理辅导或个案辅导。如，针对有心理创伤的基层干部做一些小团体的治疗，即组建"悲伤辅导团"，这么做是为了把有相同经历的人聚在一起，以使他们彼此感同身受（周利敏，2014）。然而，在中国内地受灾地区，特别是农村地区或少数民族聚居地，"心理治疗/辅导"这一西方世界的舶来品是否适用的问题已经引起学界的争论。首先，心理困扰和创伤的产生有社会和文化层面的原因。例如，2008年5月汶川地震发生后不久就有这样一句话在地震重灾区流传开来：防狗，防火，防心理治疗。这是因为当时有一些国际机构、心理学家和精神治疗师、学者以及热心的志愿者做了一些不符合当地文化的心理治疗、评估和干预工作，给很多接受服务的灾民造成了"二次伤害"（Sim，2009）。其次，优先采用病理学方法会导致关注的焦点集中在个人的不足和病症方面，很可能会破坏服务对象的家庭和社区凝聚力，导致他们对专业机构产生依赖，从而损害地方关系和组织结构（Pupavac，2001）。而这些后果与增能取向的社会工作所追求的服务目标相悖，因为增能取向的社会工作除了重视对服务对象的增能，在服务过程中还强调促成个人、家庭、组织或社区的能力提升，最终目的是使服务对象成为自我发展的主体（陶蕃瀛，2004）。

(二) 灾害社会心理工作及其理论模式

1. 社会心理的概念

当下引用最多的关于社会心理的定义是由世界卫生组织提出的。世界卫生组织将健康定义为体格、精神和社会之完全健康状态而不仅是疾病或羸弱之消除，这一概念承认社会心理干预意味着社会干预能产生次级心理效应。与此同时，心理干预也会产生次级社会效应。基于这个综合定义，许多不同种类的国际社会心理项目被包括进来。这些项目有的主要关注促进和强化人权与社会公正，有的更倾向于关注社会发展；另外，还有一些依然倾向于治疗的项目。沿着这样的思路，在英国牛津建立的社会心理工作小组（Psychosocial Working Group）（2003）重申："'社会心理'这一术语用来强调我们经历中精神或心理方面的内容（我们的思想、情绪和行为）与我们的社会经历（我们的关系、传统和文化）之间的密切关系。这两个方面的因素在复杂的紧急环境下密切相关，所以'社会心理健康'这个概念对人道主义援助机构来说，比相对狭窄的'精神健康'这个概念更有帮助。仅仅关注精神健康这个概念的干预措施，例如精神创伤，会导致忽视对健康至关重要的社会环境。社会心理这个术语同时强调了健康的社会和心理两方面的内容，这使得在需求评估中家庭和社会都得到充分的考虑。"

2. 社会心理工作研究现状

另外，值得注意的是，关于社会心理工作的研究无论是数量还是质量都比较有限。在中国，虽然有学者开始同时关注地震灾后儿童的社会和心理支持环境（曹祖耀，2008），但研究的深度仍有待加强且数量也很有限。也就是说，现有的灾后精神卫生干预措施和成效评估主要还是集中于创伤后应激障碍这一主题。然而关于这类应激障碍对公共健康的意义学界还未达成一致意见。心理教育、结构性社会行动和咨询已被频繁使用，但并不包括任何能够呈现不同结论的评估研究。当然，这些现象表明了对更多高质量研究的需求。另外，为了获得更多证据，社会心理工作人员和研究人员应该注意评估和研究对遭遇灾害和危机的人群产生的影响。有些评估方法在特定社会文化情境中可能并不适用。比如，在印度、巴基斯坦和约旦，在北美或欧洲接受过训练的当地工作人员不知道如何将"psychosocial"这个术语翻译成北印度语、乌尔都语或阿拉伯语，这是因为来自其他，诸如宗教或政治学领域的关于人与社会关系的理论的盛行（Aggarwal，2011）。另外，考虑到时间限制以及涉及的环境和问题的复杂性，对社会心理工作进行评估可能会比较费力。

虽然社会心理的定义在不断地演变，但这一术语提供了一种可供选择的范式。这一范式要求同时考虑心理和社会两部分内容，而不是二者选其一。这就要求朝着一个动态的、相互影响的、多层次的定义转变。

3. 灾害社会心理工作模式——"SICHUAN"模式

以 2008 年的汶川地震为契机，一个灾害社会心理工作模式得以发展和建立。这个模式根植于笔者在汶川地震灾区六年多时间对灾区学生、家长、老师的正式和非正式评估及其反馈。该模式使用"SICHUAN"作为六个相互联系的概念的缩写，强调社工和心理健康从业者应以循序渐进的方式促进当地参与，在行事风格、研究探索和调节应对上具有文化敏感度，自助和助人，鼓励利益相关者跨专业合作，实施符合伦理规范的举措。这六个相互联系的概念分别是：

[S] STEP – BY – STEP

S：摸着石头过河 – 循序渐进

[I] INVOLVEMENT

I：共同参与

[C] CONTEXTUALLY respectful

C：尊重情境：传承文化、发展自然支持系统

[H] HELP people achieve self – help and mutual – help

H：助人自助、互助

[U] UNITED effort

第三章 灾区基层干部心理健康状况与社会工作介入模式探析

U：同心协力：跨专业、多方合作

[A-N] Add-NO Trouble, Add-NO Chaos, and Add-NO Harm

AN：不添烦，不添乱，不造成伤害

"SICHUAN"模式在灾后的中国社会是有效的。虽然它的生成是基于汶川地震后的灾民，但是它的基本原则已经被运用于其他地方，包括2014年发生在云南的"8·3"鲁甸地震灾区。该模式致力于促进灾害幸存者作为平等成员的参与，具有普遍意义。下文将逐一介绍这六个概念的由来及含义。

S：Take Sustainable "STEP-BY-STEP" Measures
采取可持续的、循序渐进的步骤

循序渐进、"摸着石头过河"，提倡的是一种稳健的姿态，尽力避免实施莽撞或激进的举措，以免酿成失败或造成损害。这种态度是救援人员应当采取的，因为他们需要去面对和理解的是灾后复杂多变的情况。在最初的一些谨慎措施里，应当对自身能做的事进行仔细评估和核实，即使速度在灾后情境中可能是至关重要的。

另外，"一步一步来"是一种负责任且能回应需求的举措。每走一步，都必须对其产生的直接效果进行观察和评估，利用服务对象的反馈为下一步奠定基础。否则，粗枝大叶的干预手段必会遭遇失败，无论出发点有多好。

I：Involvement

共同参与

笔者与在汶川地震重灾区的社工团队，从一开始就有意识地让当地村民和机构参与到服务和项目的设计与实施中来。就学校内的社工服务而言，首先，他们会详尽地评估教师和学生的需求，或者从服务对象和当地知情人士那里获得对服务构思的反馈。其次，他们会与香港本地的教师、顾问一起完成计划书递交给学校领导。最后，学生、家长、教师还会评估每一项服务，社工也会与当地的督导和顾问再次审阅服务计划。一项服务从提出到实施通常需要六周到三个月的时间，以便当地不同的利益相关者能够充分参与到该过程中。

C：Contextually respectful

尊重情境

个人应对灾害的方式受到很多因素的深刻影响，包括当地文化、社会支持网络以及政府政策等其他因素（Bhugra and Van Ommeren，2006）。在不同的文化中，灾难和丧失对于人们的意义是不一样的。社会流行的"灵活应对"（coping flexibility）表达的正是这样一种在合适时间、针对特定情况、采取合适行动的理念（Cheng，2001、2003）。当地的资源包括文化遗产和提供社会资本的人际关系（Putnam，2000）。社工不应向服务对象强加陌生的机制或者开展不具有文化适应性的干预。例如，笔者的社工团队就利用了地震灾区当地的文化遗产，尤其是锅庄舞蹈和年画，来帮助当地的社区和学校恢复老师、学生和家庭的社会、精神和心理能力。因此，地区性的非物质文化遗产可以成为灾后工作中的宝贵资源。它们提供一种绝佳的媒介来帮助治疗灾害带来的伤害。此外，作为外来团体，团队从一开始即以重视配合当地政府为重要工作原则，在推展工作时务必联系政府、征求政府的建议和批示。

H：Help to self – help and mutual help

助人自助、互助

笔者的社工团队在工作中与老师、残疾学生及其家长的接触鼓舞了他们去帮助服务对象培养"自助"的精神。这种理念包括最大限度地利用社会资本、发展抗逆力和培养互助精神，并且在服务中有意避免依靠专业人士，抛弃"等靠要"的做法。这种理念否定了对残疾学生采取怜悯和悲伤的态度，以及依赖医师、药物、手术或辅助设备将残疾学生"正常化"或者"修复"的态度。当然，他们也与康复治疗师和顾问合作以保证残疾学生的生理需求得到回应。另外，在与地震致残的学生家庭的接触中，社工们发现残疾学生的家长承受了过多的压力，因为他们不知道怎样照顾残疾学生，也没有足够的支持让他们缓解压力和减轻疲惫。针对这一状况社工们组建了残疾学生家长支持小组，让这些家长在小组活动中找到一个互相交流经验和彼此支持的平台。

U：UNITED effort：Involving academics and practitioners, interdisciplinary, and cross – border collaboration

同心协力：跨专业、多方合作

社会工作在中国是一个正在发展中的行业，它注重在互敬、开放的原则下整合多方资源、知识、专业技能和智慧。学者和实务工作者之间的合作，以及跨专业、跨国界的合作尤其重要。学者和实务工作者密切配合，以回应服务对象的需求和反馈。Cournoyer（2004）提倡学者、实务工作者、服务对象之间建立一种充满开放精神和批判性思维的合作姿态，因为"获取知识的方法有很多种，每一种都可能贡献必要的实证资料帮助实务工作者提供有力、有效的服务"。

Sim（2009）提出因为社会工作在中国实践不久，而相关学者和实务工作者的知识和经验有限，所以中国的学者和实务工作者应紧密合作，开拓出一种适应本国文化、符合本国国情的模式。实务工作者（包括顾问、社工和治疗师）的参与往往丰富了学者（包括项目负责人和当地督导）的思考和假设。反过来，理论和实践的结合，以及项目负责人和当地督导带领对实务的记录整理又帮助实务工作者进一步验证和推动他们的实践。整个团队共同合作，互相启发，帮助彼此增进对灾害社会工作这一重要但陌生的领域的了解以及在该领域的实务技巧。

A – N: Add No Trouble, Add No Chaos, and Add No Harm
不添烦，不添乱，不造成伤害

伴随汶川地震而来的是一大批充满激情和好心的人，他们涌入灾区，却带来了更多的问题。这种没有组织性的救灾活动立即遭到批评，被认为是鲁莽无序的，造成了交通堵塞和食物紧缺，妨碍了正规救援行动（Sim，2009）。这一次志愿者精神的大爆发被认为是中国公民社会的一个分水岭，因为在中国，公民义务和社会责任一直不像个人成就和发财致富那样被人看重（Chin，2014）。但是，当个人意愿对改善灾后情形无益，甚至增添了混乱、麻烦、造成伤害时，必须进行合适的引导和控制。

四 社工介入灾区基层干部社会心理问题的对策建议

基于社会心理的概念和"SICHUAN"模式的理论框架，并结合与10名社工和社会工作专业老师的访谈，笔者尝试提出以下六条社工介入灾区基层干部社会心理问题的对策建议。

（一）循序渐进，建立信任关系，评估干部需求，注重服务的可持续性

与在2008年汶川地震重灾区与当地基层干部一起工作过的社工进行访谈，笔者了解到，与灾区基层干部建立服务关系是一个比

较耗时或者可以说是一个比较困难的过程。这主要是干部的角色使他们通常比较"爱面子"或"爱逞强"因而不太愿意暴露自己的真实情绪和心理压力，或不愿"示弱"。另外，一般在灾后的紧急情况下，干部们工作十分繁重，很难有时间与社工进行交流。所以，即使社工已经明显感受到某些社会心理问题的存在，他们也很难立刻对这些干部实施干预，或开展相应的服务。而这时，社工应避免采取莽撞或激进的举措，而应该一步一步来，逐渐与这些干部建立信任的关系，使他们慢慢卸下武装自己的"盔甲"。比如接受访谈的一位社工老师讲到，他曾经用一年的时间与一位灾区干部建立联系，直到一年后，这位干部才开始向他倾诉自己的情绪，才开始谈到自己在救灾时期的工作压力之巨大，包括这些压力给他的家庭造成的影响，他也终于敢面对自己的心理问题。

在建立关系的过程中，社工应该以尊重服务对象为原则，有计划、有步骤地评估他们在灾后不同阶段的需求，再根据他们的需求开展服务。比如说在灾后抢险救援阶段，基层干部本来工作就非常繁重，社工若再去组织他们参加一些活动就是给他们添乱了。所以，这个时候比较恰当的方法就是利用干部们有限的空余时间去做一些陪伴工作，比如社工可以陪男干部抽烟，陪女干部聊天，做一个倾听者。而在救灾工作的后期，或基层干部不那么繁忙的阶段，社工可以尝试组织干部离开他们工作的灾区，去一个不同的环境休整一段时间，从而达到舒缓压力的目的。

服务的可持续性也是笔者在访谈中得到的关键信息之一。对灾区干部的介入应该是规范的，不可随意中断。比如笔者刚才已经提到，光是与灾区干部建立关系就是一个相对漫长的过程。而关系建立后，针对这些干部的社会心理问题采取的干预措施也不是马上就能有效的，相反，一名服务对象甚至可能需要一名专职社工数年的跟进，或者社工需要根据实际情况及时将服务对象转介到其他机构接受相应的服务。比如在与一位前线社工的访谈中，笔者了解到，他的一名服务对象也是一位基层干部，初期这位干部由于爱面子极力避免出现在公众场合，也拒绝接受心理咨询或身体康复服务，对社工有些排斥。直到一年多以后，这位干部对社工和其服务的排斥才有所缓和，而这位受访的社工一直对这位干部进行必要的跟进，前后已经有6年多的时间。这即体现了可持续性服务的必要性和重要性。

（二）考虑干部所处的系统，促进系统内不同利益相关者共同参与

在服务灾区基层干部的过程中，社工应有意识地让干部个人，还有他们的家庭或社区、单位或部门参与到服务项目的设计与实施中来。这即要求，首先，社工应详尽地评估灾区干部的需求，深入干部服务的社区，从当地知情人士那里获得对服务构思的反馈。这点对于村一级的基层干部尤其重要，因为笔者在访谈中了解到，在

灾后的复杂环境下，村民可能会借机向村干部施压，要求干部给他们解决一些并非由地震等自然灾害造成的问题，有些村民甚至会采取"闹事"的极端方式，这一现象成为导致基层干部心理压力的因素之一。这就要求社工深入社区了解情况，评估问题产生的原因和需求，从社区入手找到缓解和解决问题的办法，而不仅仅针对干部个人采取措施。这一做法也符合前文提到的社会心理的概念。

其次，社工应与当地的督导和顾问一起再次审阅服务计划，尽量做到让当地不同的利益相关者能够充分参与到该过程中。最后，社工应该与政府单位或部门有效沟通，若社工不能与干部的管理单位协调一致，则很难顺利开展服务。当然，最好的办法之一是积极与政府单位合作或统筹双方资源。

（三）保持对情境的敏感性，尊重当地文化

社工应认识到，个人对灾害的认识以及应对灾害的方式会受到当地文化和环境的影响。这就要求社工不应强加陌生的机制或者开展不具有政治或文化适应性的干预。在中国，社会工作实践不久，政府单位对这一专业还比较陌生，一时无法接受社工到灾害发生地开展与人民生命财产息息相关的救灾或灾后恢复重建工作。这就要求社工妥善处理好自己的专业服务与政府的社会服务之间的关系，竭力避免对政府工作造成影响；可以在一定范围内，在发挥社工专业性的前提下，协调政府的工作。

另外，中国的基层干部具备一种特殊的价值感。面对巨大的灾难和救灾工作，干部们长期以来建立起的价值感使他们认为自己应该是老百姓的依靠和"主心骨"，就算再累再难自己也不能先倒下。因而，如一位社工教师在跟笔者的访谈中提到的，由于这种"人民公仆"的价值感或"爱面子"等因素，团体的悲伤辅导或治疗可能并不适合灾区基层干部这一群体，因为他们可能并不愿意让其他人知道自己需要接受心理辅导或治疗，不愿让自己在百姓心中的"主心骨"形象崩塌，希望可以在灾害环境下继续成为百姓的依靠。充分利用文化资源也是社工在开展服务时应该注意的一点。比如，社工可以组织灾区基层干部开展一些具有文化特色的活动，例如民族舞蹈或当地流行的游戏等。这一举措既考虑了干部对心理辅导的抗拒心理，又通过集体活动的形式达到缓解他们身心压力的目的。

（四）助人自助、互助

在前文中笔者提到，社工可以组织灾区基层干部参与一些集体活动，比如跳舞或做游戏。首先，类似的集体活动为同样身处灾区的基层干部提供了互相交流的空间和时间，他们或许可以在活动中找到自己的倾诉对象，彼此支持，互相鼓励，从而帮助服务对象培养"自助"和"互助"的精神。另外，这样的活动并没有将干部当作"病人"来对待，从而减轻了他们对参加团体活动的排斥心理。最后，社工在组织活动的时候也可以邀请干部的家人参与进来，考虑到干部平时忙于灾区工作可能会忽略自己的家庭，让他们的家人参与活动不仅给予他们更多相处的时间，也可以利用这个机会让干部的家人了解如何关怀或照顾他们，从而避免产生严重的心理问题。这也体现了帮助服务对象在家庭系统内开展"自助"的精神。笔者曾于 2008 年汶川地震发生后不久，为四川崇州地方政府举办了一次培训。培训的重点是把村干部聚集在一起，听取他们各自解决问题的不同方法，互相借鉴、集思广益、交换经验。

（五）不同专业人士协同合作

灾害本身是一个复杂的事件，它给受灾社区造成的影响是多方面的。仅仅是灾后社会心理这一层面就包括许多不同问题，比如，悲伤、压抑、焦虑、躯体障碍与药物滥用等（Silove et al., 2006）。这些还仅仅是个体层面的问题，突如其来的灾难还会在家庭、社区和社会层面带来许多相互联系的问题（Inter-Agency Standing Commitee，2007）。问题的复杂性要求不同专业人士协同合作，合作的形式既可以是针对不同的问题找不同的专业人员来解决，也可以是来自不同专业的人士共同解决某一个问题。另外，这种合作可以是跨地区甚至是跨国界的。

（六）不添烦，不添乱，不造成伤害

上述几条建议对于"不添烦，不添乱，不造成伤害"的服务理念也有所体现。具体来讲，首先，社工在设计服务或执行服务中应

注意不要给灾区基层干部添麻烦或打扰他们的工作和生活。比如，因为干部平时的工作量比较大，所以社工应尽量不要经常组织他们参加小组活动。因为小组活动时间相对较长，对干部的工作和生活可能有所影响。开展适应当地文化的活动也是不添烦、不添乱的核心要素，有悖于当地文化的活动也有可能给服务对象造成二次伤害。其次，笔者在前文中多次提到，干部通常不太爱暴露自己的情绪或弱点，面对这种情况，社工应避免进行"揭伤疤"式的提问或谈话，以免给他们造成伤害。另外，一般情况下，灾害发生后会有许多不同的群体或机构进入灾区提供相同或相似的服务，这就要求社工主动了解有哪些服务是重复的，避免服务对象多次接受相同的服务，造成资源和时间的浪费，也消耗服务对象的耐心。最后，考虑到干部的身份特殊性，社工也要积极与他们所属的单位或部门沟通，不要擅自组织干部开展活动影响工作。

五　本章小结

基层政府干部是各级政府与公众最直接的接触面。自然灾害发生后，与普通灾民相比，基层政府干部不仅自身遭受了损失，还要在恶劣的工作条件下承担繁重的救灾恢复工作。多种原因造成的身心压力使基层干部极易产生心理健康问题。鉴于已有文献中体现出的灾区基层干部心理问题的普遍性和严重性以及相关心理援助或服务资源缺乏的现状，笔者建议社会工作实践者、社工理论研究者以及其他心理工作者提高对灾区基层干部心理援助的关注，探索具备文化适应性且兼顾群体特殊性的心理危机干预机制，这也是发展和完善我国灾害社会工作理论与实践必不可少的一步。

参考文献

《专业人员下基层，组织部长学揉肩 四川全面启动干部心理援助》，《领导决策信息》2008年第45期。

蔡冬栋：《当前灾区干部中存在的突出问题及对策》，《法制与社会》2009年第2期。

曹祖耀：《地震灾后孤儿的社会心理支持环境因素分析与社会工作介入》，《社会工作》2008年第8期。

柴定红、周琴：《我国灾害救援社会工作研究的现状及反思》，《江西社会科学》2013年第3期。

陈伟：《缓解四川省灾区基层干部心理压力的对策研究》，硕士学位论文，电子科技大学，2013。

董欢：《汶川地震灾区基层干部应对方式与创伤后应激反应的相关研究》，《社会心理科学》2013年第28卷第6期。

冯春、辛勇、吴坎坎、王力、柴志轩：《地震后灾区乡镇基层干部心理健康状况的调查》，《中国临床心理学杂志》2010年第18卷第1期。

甘肃省文县县委组织部：《关心爱护重灾区基层干部工作的调查》，

《组织人事学研究》2010 年第 5 期。

高伦、翟亮智、杨子仪：《基层政府灾后应急管理研究——以陕西黄坝驿乡为例》，《法制与社会》2011 年第 5 期。

桂丹、周浩、翟瑞：《汶川地震灾区基层干部应对方式与自我和谐的相关研究》，《教育教学论坛》2013 年第 29 期。

何浩：《北川县干部心理援助与咨询信息系统的分析与设计》，硕士学位论文，电子科技大学，2010。

衡洁：《半年节点：聚焦灾后基层干部心理之痛》，《廉政瞭望》2008 年第 11 期。

黄国平、吴俊林：《汶川地震 1 年后北川干部创伤后应激症状及其与焦虑抑郁的关系》，《四川精神卫生》2012 年第 25 期第 2 卷。

黄国平、吴俊林：《汶川大地震后 1 年北川干部生存质量状况调查》，《中国循证医学杂志》2012 年第 12 卷第 4 期。

江毅、叶建平：《关心灾区干部心理状况》，《瞭望》2008 年第 42 期。

蒋麒麟、张志强、张炳智、彭述蓉、邹开庆：《地震灾后一年半汉源县干部心理健康状况及影响因素研究》，《中国健康心理学杂志》2011 年第 19 卷第 8 期。

李学举：《我国的自然灾害与灾害管理》，《中国减灾》2004 年第 6 期。

柳拯：《对社会工作介入灾后恢复重建的几点思考》，载民政部社会工作司主编《灾害社会工作理论与实务》，中国社会出版社，2012。

沈兴华、黄俊龙、叶小飞、蒋春雷、刘伟志、严进：《茂县政府机关干部与救灾部队震后7~9周创伤后应激障碍（PTSD）症状比较》，《中国健康心理学杂志》2009年第17卷第10期。

谭祖雪、周炎炎、邓拥军：《我国灾害社会工作的发展现状、问题及对策研究——以"5·12"汶川地震为例》，《重庆工商大学学报》（社会科学版）2011年第28卷第6期。

陶蕃瀛：《行动研究：一种增强权能的助人工作方法》，《应用心理研究》2004年第23期。

王树武：《灾区基层领导干部心理健康问题和应对策略研究——以北川董玉飞自缢事件为例》，《商品与质量·理论研究》2010年第3期。

王松、李林：《灾后社工介入党政干部群体的经验与反思——以湘川情社会工作服务队为例》，《社会工作》（上半月）2010年第6期。

王秀丽、辛勇、郑友军、黄宣银、黄国平、向虎等：《震后1年某极重灾区干部的创伤后应激症状及相关因素》，《中国心理卫生杂志》2010年第24卷第9期。

王晖、唐湘林：《地方政府应对自然灾害恢复重建中存在的问题与对策研究——基于湖南若干县（市）的实证分析》，《湘潭大学学报》（哲学社会科版）2011年第35卷第5期。

韦克难：《社工对灾区基层干部的心理援助》，《中国社会工作》2009年第13期。

沃建中：《灾后心理危机研究：5·12汶川地震心理危机干预的调查报告》，北京航空航天大学出版社，2008。

第三章 灾区基层干部心理健康状况与社会工作介入模式探析

吴俊林：《汶川地震3年后某地震重灾区干部心理健康状况及与生存质量的相关研究》，硕士学位论文，川北医学院，2012。

杨欢欢、余江：《重灾区基层干部心理状况堪忧》，《中国卫生》2009年第7期。

杨颖、邹泓、屈智勇：《汶川地震后基层干部的生存现状与支持体系的建设——以北川羌族自治县为例》，《北京师范大学学报》（社会科学版）2010年第4期。

佚名：《专业人员下基层，组织部长学揉肩 四川全面启动干部心理援助》，《领导决策信息》2008年第45期。

赵新峰：《从反应型政府到预防型政府——公共危机应对的政府角色转换》，《财政研究》2008年第5期。

钟禾、刘涛、徐贵明：《关爱，让灾区干部有"动力"》，《四川党的建设》（城市版）2009年第1期。

周利敏：《灾害社会工作：介入机制及组织策略》，社会科学文献出版社，2014。

Aggarwal, N. K. (2011). Defining mental health and psychosocial in IASS guidelines. *Interventions*, 9.

Bhugra, D. and Van Ommeren, M. (2006). Mental health, psychosocial support and the tsunami. *International Review of Psychiatry*, 18.

Cheng, C. (2001). Assessing coping flexibility in real–life and laboratory settings: A multi–method approach. *Journal of Personality and Social Psychology*, 80.

Cheng, C. (2003). Cognitive and motivational processes underlying coping flexibility: A dual-process model. *Journal of Personality and Social Psychology*, 84.

Chin, J. (2014). Roads clogged as eager volunteers fold China's quake zone. Retrieved from China Real Time Report on 5th January 2015: http://blogs.wsj.com/chinarealtime/2014/08/05/roads-clogged-as-eager-volunteers-flood-chinas-quake-zone/

Cournoyer, B. R. (2004). *The evidence-based social work skills book*. Boston, Allyn & Bacon.

Inter-Agency Standing Committee (IASC). (2007). *IASC Guidelines on Mental Health and Psychosocial Support in Emergency Settings*. Geneva: IASC.

Psychosocial Working Group. (2003). Psychosocial Interventions in Complex Emergencies: A Framework for Practice.

Pupavac, V. (2001). Therapeutic governance psycho-social intervention and trauma risk management. *Disasters*, 15.

Putman, R. (2000). *Bowling alone: The collapse and revival of American community*. New York, Simon and Schuster.

Silove, D., Steel, Z., & Psychol, M. (2006). Understanding community psychosocial needs after disasters: Implications for mental health services. *Journal of Postgraduate Medicine*, 52.

Sim, T. (2009). Crossing the river stone by stone: Developing an Expanded School Mental Health Network in Post-quake Sichuan. *China Journal of*

Social Work, 2.

Sim, T. (2013). Resilient children: A Chinese post-disaster psychosocial work model. *Social Dialogue*, September issue.

Wang, X. L., Chan, C. L., Shi, Z. B., & Wang, B. (2013). Mental health risks in the local workforce engaged in disaster relief and reconstruction. *Qualitative Health Research*, 23, 207-217, DOI: 10.1177/1049732312467706.

Wang, X. L., Shi, Z. B., Ng, S. M., Wang, B., & Chan, C. L. (2011). Sustaining engagement through work in postdisaster relief and reconstruction. *Qualitative Health Research*, 21, 465-476, DOI: 10.1177/1049732310386049.

第四章 社会工作组织与政府合作进行灾害应急管理

简 介

本章论述了社会工作参与灾害应急管理的必要性，指出当前我国社会工作组织参与灾害应急管理过程中存在的与政府配合失当的问题，并围绕这一问题，梳理了"5·12"汶川地震后不同类型的社会工作组织与政府合作的策略模式；同时，指出高校主导的社会工作组织不同于其他类型社会工作组织与政府合作中形成的成熟策略，进而总结与政府合作进行灾害应急管理的经验。

一 社会工作参与灾害应急管理的必要性

（一）社会工作参与社会管理的必要性

随着改革开放的深入和经济的发展，现阶段我国的社会发展已经具有新的特点，进入社会加速转型的新阶段。在社会转型的过程中，现阶段的社会管理面临着新的挑战和问题。社会转型带来了新的社会结构：经济体制使之前的单位制、就业结构、社会保障等发生变革，计划经济体制下的"单位人"逐渐变为市场经济体制下的"社会人"，社会的组织化程度迅速降低。据统计，当前中国社会的非组织化人群数量极其庞大，至少占总人口的70%（王思斌，2012）。面对新的社会格局，构建服务型政府成为当下政府职能转变和政府管理思维改变的方向，而服务型政府需要加强和创新社会管理模式。2006年，《中共中央关于构建社会主义和谐社会若干重大问题的决定》明确指出："必须创新社会管理体制，整合社会管理资源，提高社会管理水平，健全党委领导、政府负责、社会协同、公众参与的社会管理格局，在服务中实施管理，在管理中体现服务。"2012年11月，党的十八大报告再次强调："围绕构建中国特色社会主义管理体系，加快形成党委领导、政府负责、社会协同、公众参与、法治保障的社会管理格局。"从中可以看出，在明确党委领导和政府的指导地位后，强调社会力量的参与，构建管理主体多元化的社会管理体系已成为党和国家的共识。

社会工作，作为具有科学基础和价值观基础、以增强个人的社会功能为工作目标的实践服务（法利、史密斯和博伊尔，2010），能否在构建管理多元化的社会管理体系过程中发挥重要的作用呢？社会工作服务在具体的服务中具有亲和力和时效性强的优势，可以有效地整合社会资源（罗爱华，2012）。并且，专业社会工作具有面向弱势群体和边缘群体的特点以及其蕴含的"以人为本"的柔性管理特征，可以有效弥补政府刚性政策和刚性管理的不足。在西方发达国家，社会工作已经不仅仅是单一的慈善手段，而且具有推动建立平等的社会福利政策、完善社会保障体系的作用。社会工作已经发展为现代社会管理的重要内容，是解决社会问题、维护社会稳定的科学方法与社会制度安排（徐永祥，2007）。基于西方的社会管理经验和社会工作柔性管理、服务弱势群体的内在特点，在我国的社会管理创新中，社会工作者（社工）也能够发挥相应的协同作用。王思斌（2012）从理论角度对此进行了探讨，运用社会工作理念和方法的管理活动可以对社会管理产生制度和功能协同的作用，进而实现整体性的协同。可以将这种整体性协同的思想归纳为：社会管理也需要服务，服务也是管理。这种思想也与我国服务型政府的转型趋势相符合。

同时，过往的研究也不乏具体的案例来揭示社会工作介入社会管理的优势和具体作用。如，李迎生等（2011）关于《社会工作介入社会管理研究——基于北京等地的经验》一文，从北京某社区居委会和民间机构典型的服务实践出发，运用典型个案的分析方法，分析了社会工作在救助弱势群体、提供公共服务、协调利益关系、处理突发事件和促进社会参与五个方面的现实行动，彰显了社会工作在社会管理中的作用。

总而言之，来自西方发达国家的社会管理理念和社会工作的内在特点保证了社会工作在理论上介入社会管理的合理性，而我国的研究者对于具体社工案例的研究也在实践层面说明了社会工作介入社会管理体制创新的具体作用。因此，可以预见，社会工作是我国建设具有中国特色的社会主义社会管理体制的重要组成部分，是政府进行社会管理工作的重要补充。

（二）社会工作参与灾害应急管理的必要性

1. 政府在灾害应急管理中的地位和作用

政府是我国灾害应急管理的主体力量。在法律层面，《中华人民共和国突发事件应对法》《中华人民共和国防震减灾法》《中华人民共和国防洪法》等法律条文明确了政府在灾害应急管理中的主体地位，以及中央政府和县级以上地方人民政府的职责。在具体的法规中，2011年修订的《国家自然灾害救助应急预案》明确说明了坚持政府主导的工作原则，2012年修订的《国家地震应急预案》清晰地指出政府统一领导，视灾情严重程度政府逐级介入的工作原则，并且对各级政府在地震灾害的不同阶段所应承担的责任、投入的资源进行了明确的划分。关贤军等（2006）把我国政府灾害管理体制总结为：实行中央统一决策，政府各部门按照统一决策和自身的职能分工负责；以地方政府为主，按行政区域采取统一组织指挥原则；充分发挥军队的作用。

我国政府在灾害应急管理中的工作内容可以覆盖与灾害相关的各个方面。李虹和王志章（2011）归纳了地方政府在地震灾害发生后所要扮演的角色和担负的职责：①政府应该担任灾后秩序的维护者；②灾后心理救助的组织者；③灾区社会重建的评估者；④灾区文化生活重建的领导者；⑤社会公众公共诉求空间的提供者；⑥灾后重建社会支持力量的创造者；⑦非政府组织参与救援的倡导者。除了直接减灾救灾外，政府还应在一系列与防灾减灾相关的制度设计上扮演重要的角色。比如在巨额保险管理体系中，政府需要成为巨额保险需求和供给的拉动者及巨灾保险市场的培育者和合作者，帮助商业机构建立风险区划、巨灾基金和合理的责任分摊机制，保障巨灾保险制度的稳步运行（池晶，2010）。我国政府采用这种以政府为主体的灾害应急管理体制，在新中国成立后的历次自然灾害中取得了巨大的成就，积累了成功的经验（康沛竹，2009）。尤其是在汶川地震中出现的对口援建模式以及后续的对口合作模式，对灾后的重建和受灾地区的产业恢复、提升起到了重要的作用（刘铁，2010；王颖、董垒，2010）。

2. 政府在灾害应急管理方面存在的问题

虽然在灾害管理中，政府拥有较为完善的法律法规制定和灾害预防体系及防灾减灾工作经验，但是，考虑到灾害的复杂性、突发性、隐蔽性、危险性和不可逆性等特点，单纯依靠政府进行灾害救助会出现失灵现象（周利敏，2014）。关于救灾过程中政府失灵现象出现的原因，许飞琼和华颖（2012）做了很好的总结：①灾害发生的不确定性与政府预算的确定性存在内在冲突；②灾害发生的空间不平衡性与国家财政分税制、分级负责体制存在不对称；③政府科层制往往过分强调分层、逐级上报与授权，必然减缓灾情信息流通与命令上通下达的速度；④地方政府及其官员在灾害救助中与中央政府存在博弈，可能会出现"花大钱办小事"甚至不办事的现象，导致救灾活动低效甚至失效；⑤政府救灾活动不可能全面满足灾区与灾民的需求，特别是灾民的个性化需求。

虽然针对失灵现象，政府进行了适当的改革，并于2007年通过《突发事件应对法》确立了公共应急体制由"以条为主"向"以块为主"转变，大致整合了行政系统内部的能力。但是，现有体系依然会存在"条外有条""块外有块"的问题，即党的机关掌握着更为强大的应急动员能力，以政府为主体的应急指挥还远远无法全面整合这些资源，比如对军队和党员的动员，以及通过党委对群众的动员；按照现有体制要由多个地方政府共同负责，地方政府之间可能发生各种推诿和争执现象（应松年、林鸿潮，2012）。

政府的失灵现象毫无疑问会损害灾害应急管理的效果和效率，造成资源的浪费，因此在对我国当前以政府为主导的应急管理体系的反思中，多有提及动员社会力量参与救灾和应急管理的建议。应松年和林鸿潮（2012）认为，将国家、市场、社会三方面力量有效地结合在一起，才能实现防灾减灾力量的最大化，实现防灾减灾组织体系的多元化，这是我国防灾减灾体制改革的一个思路。杨马陵和续新民（2004）在我国灾害现代管理模式的构想中，提到了建立有效的社会动员机制，提高危机的社会应对能力。我国的相关法律也强调了社会力量对灾害管理的辅助作用。如《中华人民共和国防震减灾法》明确说明："国家鼓励、引导社会工作组织和个人开展地震群测群防活动，对地震进行监测和预防。国家鼓励、引导志愿者参加防震减灾活动。"《国家综合防灾减灾规划（2011 - 2015）》也把加强防灾减灾社会动员能力建设，完善鼓励企事业单位、社会工作组织、志愿者等参与防灾减灾作为主要的任务之一。可以看出，动员社会力量参与灾害应急管理已经是我国灾害应急管理体系改革的方向之一。

二 我国现阶段社会工作组织与政府合作参与灾害应急管理的成效

在国外和境外的灾害管理中，社会力量特别是社会工作的参与已积累了丰富的实践经验，在一些发达国家，社会工作组织已经成为灾害管理不可分割的重要力量。例如，德国的国家灾难管理系统由警方、消防部门、紧急医疗救助中心、军队等政府部门以及100

多个受过紧急救助特殊培训的社会工作组织共同构成；在美国，政府将与红十字会等社会工作组织的合作写入联邦应急计划；在瑞典，社会工作组织的代表参与危机规划和预防阶段，与政府展开"PPP"（Private-Public-Partnership）模式的合作，这已经成为灾害管理工作的惯例（陶希东，2009）。大量的实践又催生出对这一领域的海量研究，这些经验和研究又为中国的灾害社会工作和民间力量的救灾工作，提供了有益的启示和可借鉴的经验。比如，沈文伟（2010）根据近年来对7次重大灾害的灾害管理案例（如美国佛罗里达飓风、伊朗地震、印度地震等）相关文献的研究，区分出了灾害社会工作的主要介入人群：老人、生理心理残疾人士、穷人、少数族裔等；总结了社工在减灾、备灾、救灾、恢复等不同灾害管理阶段的任务和职能。

由于同源同种所带来的社会文化的相似性，中国台湾地区社会工作组织在应对"9·21"大地震中的经验，特别为中国大陆的研究者和实践者重视，并对其进行了广泛的研究和引介，为我国大陆的灾害社会工作的开展提供了宝贵的经验、介入路径和行动的起点。这些经验包括：在灾后重建中，社工发挥资源联结与整合、反应能力和相互支持能力强的特长，参与资源整合、重建规划、支持服务、需求反应、个案管理等工作（冯燕，2008）；社工向普通民众特别是弱势群体提供灾害救助及安置服务、生活福利服务、就业辅导与职业训练福利服务和医疗救助及心理重建服务（刘斌志，

2008）；社工介入的三种模式，即"小区家庭支持中心""项目委托模式""跨区域方案"（王瑞芳，2011）；"9·21"大地震后容易出现的悲伤、害怕等应激情绪表现，以及相对应的具体工作方法，如悲伤情绪处理和认知治疗等（彭家琛，2008）。在汶川地震后，台湾地区的经验也成为与汶川地震时期大陆经验的比较对象，以供研究者和实践者对大陆的同类问题进行反思（林闽刚、战建华，2010）。

在我国，社会力量参与灾害应急管理相关实践起步较晚。在1998年的长江流域特大洪灾中，社会力量第一次参与重大灾害的防灾减灾工作。中华慈善会、中国红十字会在当时表现出极大的活跃性，大量的志愿者及时出现，募捐等志愿行为广泛而热烈。但是，由于当时中国的民间力量缺乏多样性以及志愿参与和组织管理不足、公民文化培育不足等，1998年崭露头角的民间力量并没有在以后的国家防灾减灾体系中继续发挥作用，而是随着洪灾的远去销声匿迹（贾西津、王名，2004）。直到2008年发生了汶川地震，中国的社会力量才开始真正地走上防灾减灾的舞台，中国社会工作首次介入灾害服务过程，发挥了积极的作用。2008年也被称为中国的志愿元年（王名，2009）和社会工作之春（Yuen-Tsang、Wang，2008），作为新生力量，中国社工界开始大规模地介入地震灾害之中，尽管可借鉴的经验较少，相关的研究和实务经验不足，中国社会工作者还是奔赴各个极重灾区，以其价值理念和专业工作方法，首次介入重大灾害救援和灾后重建工作，发挥了非常积极的作用（谭祖雪等，2013），在严酷的工作环境和经验及支持有限的情况下，得到了广泛的认可（Sim et al., 2013）。

在汶川地震发生后的紧急救援和灾后重建阶段，社工介入救灾、生计、教育和社区等不同领域，通过社工专业的个案、小组和社区工作方法，广泛服务于丧亲者、儿童、青少年、老人和残疾人群体，形成了具有中国特色的社会工作介入灾区模式，发挥了社会工作服务灾区的功能，推动了灾区当地社会工作的开展，初步形成了"政府支持、专业支撑、社会运作"的社会工作管理体制，稳步推进了灾后恢复重建和灾区社会发展步伐（柳拯，2009）。

基于汶川地震、玉树地震和芦山地震的社工实践以及取得的成效，民政部社会工作司也组织了相关专家对灾害社会工作进行了系统的研究，在实践的基础上进行理论探索，对社工的救灾和灾后重建工作进行梳理和总结，提炼出面对不同情况和群体的具体工作模式，并且形成了《关于加快推进灾害社会工作服务的指导意见》等指导性文件。比如运用社会企业的形式推行养老服务的"鹤童服务模式"，提倡"1社工+4义工"联动机制的深圳模式（民政部社会工作司，2012）。

社工在防灾、减灾、救灾工作中发挥的作用也获得了与灾害有关的国家机构的认可。比如，在中国地震局关于汶川地震恢复重建的报告中，特别强调了以社工为代表的民间 NGO 力量在重建过程中帮助灾民创业增收的重要作用（中国地震局，2010）。在 2014 年

的"8·3"鲁甸地震中，社工对于灾害的介入已经不再是"单打独斗"式的无序开展，而是转变为由政府主导的，有计划、有针对性地整体推进。在国家层面，由民政部牵头形成了社工对口支援制度，由社会工作发展较快并且有灾害社会工作经验的北京、上海、广东和四川等省市分别派出社工服务队，对鲁甸灾区进行支援；在地方层面，在云南省政府的主导之下，建立了"部门联动、校地结合，社会协同"的灾害社会工作机制，设立"8·3"鲁甸地震社会服务中心，畅通与社会工作行业组织、社会工作服务机构、高校和研究机构之间的沟通协调渠道，承担组织与协调、服务与管理、资源链接与整合、培训资源整合与组织、宣传与交流、理论研究与成果转化等职能（云南省民政厅，2014）。

可以预见，在党和政府一系列"加快形成政社分开、权责明确、依法自治的现代社会工作组织体制，引导社会工作组织健康有序发展"以达成"党的领导、政府推动、社会参与、突出重点、立足基层、中国特色"的现代社会工作组织体制的决定之下，社会工作将会在我国未来的灾害应急管理体制中占据重要的地位。

三 我国社会工作组织与政府合作进行灾害应急管理存在的问题及原因分析

由于中国社会工作服务介入灾害管理仍缺乏政府层面的统一规

划和完整的制度安排，因而在对灾害工作的介入中，依然遇到很多困难。此外，由于社会工作缺乏灾害管理的资源、理论和实践经验，缺乏长期规划等不足，可能会出现种种问题。其中，作为一种新生的社会力量，在面对政府机构时缺乏经验和指导，不能与当地政府在灾害应对过程中形成合力，甚至会出现误解和龃龉，导致社会工作组织的活动受到限制。NGO在处理与政府关系时表现出的乏力，阻碍了自身服务的开展，进而影响了服务的效果。根据边慧敏等（2011）的调查，在汶川地震的10个极重灾区和29个重灾区中，除都江堰市、汶川县、理县等少数几个县市因为对口援建省份要开展社会工作外，社会工作服务并没有被纳入地方政府的救灾体系和灾后重建规划中，也没有主动与政府合作，较少得到来自政府的资金或其他方面的支持，使得社会工作进展较慢。

在社工介入灾害管理的过程中，社工、NGO与政府之间出现沟通不畅、两者相互牵制情况的原因是非常复杂的，既与我国政府对民间组织管理的模式有关，也有灾害社工组织内部的问题。

在我国当前的社会控制体系下，政府对民间社会工作组织力量的运用，特别是对非政府组织在重大灾害事件中的参与，还是有一定的限制。当前我国还处于"强政府，弱社会"的格局之下，在国家与社会的权力格局中，政府依然处于主导地位，主导着公共领域，拥有各种资源。这种格局的形成有其特定的历史和现实原因。在这样的格局之下，我国政府对民间社会工作组织采取了"一体制三原则"的管理模式,即在分级管理原则、非竞争性原则、限制分支原则之下的双重管理体制(康晓光等,2010)。大量关于我国民间 NGO 的研究表明,当前中国的整体性体制环境对社会工作组织,尤其是自下而上自发产生的民间公益组织的态度总体上是约束性的或限制性的。这种约束性体现在对民间组织的合法性的质疑、外部资源支持的限制以及组织行动空间的约束上(朱建刚、赖伟军,2014)。具体到灾害应急管理中,由于我国现阶段还未就民间组织的发展和展开的活动建立起完整而健全的法律和政策支持环境,社会工作组织在应急管理中的参与并没有相应的法律、法规和政策可以作为依据,也就是说"社会工作并没有纳入国家灾后经济救援条例和重建规划,社会工作介入的制度空间非常有限"(柳拯,2009)。

来自合法性不足的制约使得在应对灾害过程中压力骤增的基层政府无法去了解本来就不熟悉的社会工作组织并与其进行沟通。由于社会工作组织在我国还属于新生事物,基层政府对于如何发挥社会工作组织的协同作用经验明显欠缺。所以,既缺乏信任的机制,又缺乏合作的经验,政府与社会工作组织沟通不畅也就不难理解了。在灾难发生之初,由于社会正式制度会出现一定程度的混乱,这种"制度空缺"会带给社会工作组织一定的活动空间(彭善民,2009)。灾区对于民间救援的需要,也为社会工作组织提供了一定的活动合法性。但是伴随灾情的稳定,政府的体制环境和管理能力

第四章 社会工作组织与政府合作进行灾害应急管理

正常化之后,对社会工作组织,特别是民间组织和志愿团队在灾区活动方面的政策性限制便会逐渐占据上风(朱建刚、赖伟军,2014)。

在灾害处理中出现的政府与社会工作组织配合失当的问题,一方面在于政府实行的严格的控制体制,另一方面也有社会工作组织自身存在的不利于合作的因素。

第一,社会工作组织在灾害介入时表现出应急能力不足的问题。这种能力不足首先表现在资金的不足上(王名、刘求实,2007),我国的社会工作组织没有独立的筹款能力,并且社会捐赠大都集中在政府,造成了社会工作组织在运行过程中资金严重不足。资金的不足又导致了专业人才的缺失,在应对灾难的热情退潮后社会工作组织往往很难留住一线的工作人员,工作人员的流失又带来了工作能力的不足和服务效果的下降。由于灾害社会工作的专业理论和实践积累不足,社会工作组织整体能力较弱,灾区社会工作在困难救助、矛盾调处、权益维护、心理辅导、行为矫治等方面的专业服务功能尚未充分发挥,协调社会管理、预防和解决社会问题、促进社会公正等方面的专业作用未完全实现(柳拯,2009)。并且,灾区社会工作组织对于志愿者的管理也不符合政府的要求(高海霞,2013;马立,2013)。同时,督导力量缺乏,一线社工缺乏有效的监督和指导(韦克难、冯华、张琼文,2010),服务的专业性自然也无法保证。服务的专业性不能保证,就不能有效解决灾区面临的问题，提供的服务就不能满足灾区政府的需求。

第二，灾区的社会工作组织服务缺乏长期规划。由于资金、人力资源以及专业能力多方面的限制，灾区社会工作组织对灾害应急服务缺乏长期的规划，只能从事一些短期、临时的服务项目（柳拯，2009）。

第三，个别社会工作组织本身对政府的态度不友好。根据韦克难、冯华和张琼文（2010）的调查，民间型的社会工作组织有时不愿积极与当地政府合作，在工作中经常发现政府存在的问题，继而进行批评。基于灾区社会工作组织能力不足，服务缺乏长期规划以及个别对政府不友好的态度，政府对社会工作组织的不信任也在所难免。

当然，解决当前社会工作组织和政府的配合问题，需要双方共同的努力。虽然，政府所主导的"强政府、弱社会"的格局并不会马上改变，而且宏观社会工作组织管理体制的改革是一个缓慢的过程，但是社会工作组织依据自身的实际情况，主动与政府建立合作关系，以保证组织的延续和服务的开展，是一个可行的策略。

四 社会工作组织与政府合作进行灾害应急管理的策略

由于应急管理具有特殊性，社会工作组织与政府在应急状态下的合作与常态下的合作会呈现不同的特点：应急状态下社会工作组织的合法性问题有其敏感之处；社会工作组织针对灾情需要更加快速和专业的反应；应急管理中必然存在资源紧张状况等。在中国大陆虽然社会工作组织介入自然灾害应急管理的时间比较短，但是对与政府合作的问题也有了一些经验的总结和理论的建树。

根据柳拯（2009）对汶川地震灾后社会工作介入模式的提炼，我国社会工作力量介入灾区开展社会服务，主要可分为三种模式：政府主导模式、社会组织主导模式和高校主导模式。不同的社工介入模式具有不同的合法性和专业性，掌握着不同的资源，与政府有着亲疏不同的关系，自然合作的经验也不同。

（一）政府主导模式

在政府主导模式中，这种类型的社会工作组织是由政府部门主动出面建立或支持的，由政府出资金委托服务或购买服务（韦克难等，2013）。其中，理县"湘川情"社会工作服务队的经验最具有代表性。"5·12"汶川地震之后，湖南省政府承担了援建理县的任务，在援建过程之中，社会工作被湖南省政府纳入援建整体规划，在政府的牵头下，四支社会工作队伍被整合为"湘川情"社会工作服务队（韦克难等，2013）。在理县的服务过程中，"湘川情"社会工作服务队与政府的合作主要采取了三种策略。第一，配合政府的重建工作。"湘川情"社会工作服务队所执行的"社会工作和心理援助项目"是湖南援建队3年援建规划中的第一批重点援建项目，由湖南援建队提供服务所需的经费，所以社工与政府主导的援建工作的总体工作目标是一致的。在具体的服务过程中，"湘川情"社会工作服务队会配合湖南援建队的整体工作，比如社工会介入民众与政府的纠纷中，宣传援建政策，消除误解，化解纠纷，维护社会的稳定（史铁尔等，2012）。第二，针对灾后党政干部开展心理矫正服务。"湘川情"社会工作服务队在理县的服务中对灾区党政干部的心理压力进行了评估，并且对县机关工作人员、乡镇干部、教师等政府体制内的工作人员进行了大范围的干预和介入，缓解了灾区党政干部压力，也与当地政府建立了坚实的信任关系。第三，运用了从外生性嵌入内生性根植的策略，促进外来社会工作的本土化，推动当地社会工作的开展。"湘川情"社会工作服务队在服务的过程中注重吸纳本土社工力量进入外生性社工组织，吸纳本土社工骨干参与组织管理，逐步把外生性社工组织移交给当地；并且积极推动政府购买社工服务，将逐渐移交给当地的社会工作组织纳入相应的组织体制框架中，实现政府主导下的社会工作发展的组织化、有序化，确保内生性社工组织的服务连贯性和服务成果的达成（廖鸿冰，2011）。

以上策略的达成需要很多的先决条件，诸如融入政府的体制、接受政府的管辖、服务于政府的工作等，策略的效果是非常显著的，这包括可以与当地政府形成良好的关系，获得充足的合法性和资源，保证服务的效果，受到当地党政和群众的欢迎及普遍好评

(韦克难等，2013)。

(二) 社会组织主导模式

这种类型的社会工作组织一般是在民政部门或工商部门注册的社会团体和民办非企业，也包括未注册的民间组织和各种国内外的公益性基金会，其经费主要来源于基金会的项目申请、其他组织和私人募捐，并没有纳入灾区援助体系，会由单个社会组织或多个社会组织组成联合体进入灾区开展社会服务 (柳拯，2009)。朱健刚和赖伟军 (2014) 研究了民间组织与政府合作的策略，提出了"不完全合作"的联合策略。"不完全合作"策略最主要的一种机制是行动目标的自我约束，这种机制的基础是坚持政府在救灾工作中的主导地位；民间组织将自身定位为"拾遗补缺"的善意帮助者，为政府工作提供善意的且能被接纳的支持，采取主动沟通的策略，积极向政府汇报工作，服从政府的权威，而不去从事可能"添乱"的工作。与政府主导模式下的社会工作组织相比，民间社会工作组织面临的政治机会极其有限，并且会随着正常社会秩序的恢复而很快趋于狭小甚至关闭，所以民间组织通过不完全合作的策略和行动目标自我约束的机制来规避联合行动的外部政治风险（朱建刚、赖伟军，2014)。客观来看，不完全合作的策略，尤其是主动约束行动目标的机制，在与政府的合作过程中，有效地帮助依托于民间社会组织的社会工作者在灾区提供服务，从而使政府更加了解项目情况,并有效缓解了应急初期政府失灵情况下人力不足的问题,能够得到服务对象的普遍认同和较高的满意度(韦克难等,2013)。这种策略的应用也推进了社会工作组织主导模式下社工工作力量在灾害管理领域的发展。

在社会工作组织主导模式中,资源充沛的境外非营利组织则采取了另外一种符合自身特点的与政府合作的策略。以香港乐施会为例,主要以两种策略与政府合作。第一,与工作目标趋同的政府部门建立合作关系:作为一个扶贫机构,在"5·12"汶川地震的应急管理中,香港乐施会与四川省扶贫办合作,并且通过扶贫办与灾区的基层政府、党委和妇联等部门联络;第二,保证自身工作的专业性,以自己的优势和政府合作,让政府在合作的过程中受益:乐施会具有专业的灾害管理团队,有以社区为本的灾害管理经验,并且有稳定的捐款队伍和从事发展项目的收入和有效的管理经验,而这些资源最后都会投入灾害发生地区,而且很多都是以政府为枢纽向民众发放的,在这一过程中,政府的应急管理工作得到了帮助,并且在资源和经验上都有所收获(吴建勋,2011)。当然,境外非营利组织与政府合作的基础是对自己的功能有明确的定位。比如在香港乐施会的案例中,乐施会坚持政府在应急管理中的主体地位,而乐施会是对政府救助的补充,乐施会着力工作的领域正是"政府救助的空白点",起到的是一种"拾遗补缺"的作用。

（三）高校主导模式

第三种社工介入模式是高校主导模式。这种类型的社会工作组织一般是由高校的社会工作系派出专业教师或聘请专业社工，在灾区开展社会工作服务，这些社会工作组织大多挂靠在所在的大学，并没有在民政等政府部门进行注册（韦克难等，2013）。根据研究（柳拯，2010；韦克难等，2013），高校主导的社会工作组织一般会与当地的党委、政府、社区自治组织建立良好的关系，能得到当地党政、社区自治组织的支持，服务对象对服务效果的满意度较高，当地群众与党政干部对社会工作的认识较正确，并普遍接受社会工作的理念，对社工提供的服务认可度和评价较高。

虽然高校主导的社会工作组织介入灾害应急管理的模式也能与政府建立良好的合作关系，在救灾和灾后重建过程中起到很好的补充作用，但是学界对于高校主导的社会工作组织与政府在应急管理中的合作策略还未进行很好的总结与完善，并且学界对于社会工作组织在应急管理中与政府合作的策略的研究也集中于分散的单项经验总结，并没有形成完整的与政府合作的策略框架。

在第五章，笔者将会以"香港理工大学四川灾害社会心理工作项目"为案例，描述高校主导下的社会工作力量在自然灾害应急管理工作中怎样与政府建立合作关系，共享资源，在坚持社工专业性的同时配合政府服务受灾群众。

五 本章小结

基于社会工作的特点以及西方发达国家社会工作的经验，社会工作是社会管理的重要组成部分。但是现阶段，我国社会工作力量参与灾害应急管理体系仍然存在一系列的问题，比如，政府与社会协同应对灾害尚缺乏制度保障（CNCDR，2015），与政府的配合失当是此问题的重要表现，会严重损害社会工作者参与灾害应急管理工作的效率。将社会资源整合进政府主导的防灾减灾体系，也成为今后政府防灾减灾工作着力推动的方向之一（CNCDR，2015）。从"5·12"汶川地震开始，中国学术界对于社会工作力量参与灾害应急管理这一主题已经从不同角度进行了大量相关研究，并提出了社会工作组织与政府合作进行灾害应急管理的不同模式，即政府主导的模式、社会工作组织主导的模式和高校主导的模式。但笔者发现对于高校主导的社会工作组织参与灾害管理这一模式仍缺乏基于具体案例的总结和归纳。因此，笔者将在下一章基于香港理工大学四川灾害社会心理工作项目在"5·12"汶川地震重灾区映秀镇的社会工作实践，深入探讨该模式下的社会工作组织是如何与基层政府合作展开灾害管理工作的。

第四章 社会工作组织与政府合作进行灾害应急管理

参考文献

边慧敏、林胜冰、邓湘树：《灾害社会工作：现状、问题与对策——基于汶川地震灾区社会工作服务开展情况的调查》，《中国行政管理》2011年第12期。

池晶：《论政府在中国巨灾风险管理体系中的角色定位》，《社会科学战线》2010年第11期。

法利、史密斯、博伊尔：《社会工作概论》，隋玉杰等译，中国人民大学出版社，2010。

冯燕：《9·21灾后重建：社工的功能与角色》，《中国社会导刊》2008年第18期。

高海霞：《论芦山地震后重建中政府与NGO良心互动关系的构建》，China International Conference On Insurance and Risk Management, 2013, 昆明。

关贤军、徐波、尤建新：《完善我国防灾救灾体制、机制和法制》，《灾害学》2006年第21卷第3期。

贾西津、王名：《两岸NGO发展与现状比较》，《第三部门学刊》2004年第1期。

康沛竹：《当代中国防灾救灾的成就与经验》，《当代中国史研究》2009年第5期。

康晓光、郑宽、蒋金富、冯利：《NGO与政府合作策略》，社会科学文献出版社，2010。

李虹、王志章：《地震灾害救助中的地方政府角色定位探究》，《科学决策》2011年第10期。

李迎生、方舒、卫小将、王娅郦、李文静：《社会工作介入社会管理研究——基于北京等地的经验》，《社会工作》2011年第1期。

廖鸿冰：《从外生性嵌入到内生性根植：社会工作本土化发展路径探索——以湖南社工介入四川理县灾后重建为例》，《社会工作》2011年第18期。

林闽钢、战建华：《灾害救助中NGO参与及其管理——以汶川地震和台湾9·21大地震为例》，《中国行政管理》2010年第3期。

刘斌志：《台湾9·21震灾中的社会福利经验及其启示》，《中国社会导刊》2008年第12期。

刘铁：《从对口支援到对口合作的演变论地方政府的行为逻辑——基于汶川地震灾后恢复重建对口支援的考察》，《农村经济》2010年第4期。

柳拯：《社会工作介入抗震救灾和灾后恢复重建情况报告》，民政部社会工作司，2009，http://sw.mca.gov.cn/article/llyjlm/201010/20101000108146.shtml。

罗爱华：《浅议发展社会工作对社会管理创新的意义》，《中南林业科技大学学报》（社会科学版）2012年第6卷第1期。

马立：《论应急管理中政府与社会工作组织的合作与互动》，《信访与社会矛盾：问题与研究》2013年第2期。

民政部社会工作司：《灾害社会工作——理论与实务》，中国社会出版社，2012。

彭家琛：《台湾9·21大地震后的心理干预》，《中小学心理健康教育》2008年第11期。

彭善民：《政府主导性社会工作NPO与灾后重建——以上海L非营利组织为例》，《社会科学》2009年第2期。

沈文伟：《社会工作与灾害管理》，《公共管理高层论坛》2010年第10辑。

史铁尔、王松：《社会工作介入灾后恢复重建的本土化探索——以理县湘川情社会工作服务中心为例》，《中国社会工作》2012年第13期。

谭祖雪等：《灾害社会工作——基于"5·12"汶川地震的实证研究》，石油工业出版社，2013。

陶希东：《国外特大城市处置紧急事件的经验、教训与启示》，《理论与改革》2009年第2期。

王名：《走向公民社会——我国社会工作组织发展的历史及趋势》，《北京青年工作研究》2009年第12期。

王名、刘求实：《中国非政府组织发展的制度分析》，《中国非营利评论》2007年第1期。

王瑞芳：《台湾灾害防救体制及社工介入灾后重建的模式》，《社会工作》2011年第3期。

王思斌：《试论社会工作对社会管理的协同作用》，《东岳论丛》2012年第33卷第1期。

王颖、董垒：《我国灾后地方政府对口支援模式初探——以各省市援建汶川地震灾区为例》，《当代世界与社会主义》2010年第1期。

韦克难、冯华、张琼文：《NGO介入汶川地震灾后重建的概况调查——基于社会工作视角》，《中国非营利评论》2010年第2期。

韦克难、黄玉浓、张琼文：《汶川地震灾后社会工作介入模式探讨》，《社会工作》2013年第1期。

吴建勋：《危机情境下我国非营利组织与政府部门的合作绩效研究——以5·12地震中的香港乐施会为例》，《中国行政管理学会2011年年会暨"加强行政管理研究，推动政府体制改革"研讨会论文集》，2011。

徐永祥：《社会工作是现代社会管理与公共服务的重要手段》，《河北学刊》2007年第3期。

许飞琼、华颖：《举国救灾体制下的社会参与机制重建》，《财政研究》2012年第6期。

杨马陵、续新民：《我国灾害现代管理模式的构想》，《灾害学》2004第19卷第4期。

应松年、林鸿潮：《国家综合防灾减灾的体制性障碍与改革去向》，《教学与研究》2012年第6期。

云南省民政厅：《党委政府认可灾区群众好评鲁甸8·03地震灾害社会工作服务成效显著》，访问网址：http://practice.swchina.org/manual/2014/1216/19609.shtml 2014。

中国地震局：Wenchuan earthquake 2008: recoveryand reconstruction in

Sichuan province, UNISDR：http：//www. unisdr. org/we/inform/publications/16777，2010。

周利敏：《灾害社会工作——介入机制及组织策略》，社会科学文献出版社，2014。

朱建刚、赖伟军：《"不完全合作"：NGO 联合行动策略——以"5·12"汶川地震 NGO 联合救灾为例》，《社会》2014 年第 34 卷第 4 期。

国家减灾委：Review and prospects of China's 25 - year comprehensive disaster reduction. Document prepared for the 3rd UN world conference on Disaster Risk Reduction, 2015.

Yuen - Tsang, W. K. A. and S. Wang：Revitalization of Social work in China：The Significance of Human Agency in Institutional Transformation and Structural Change, China Journal of Social Work, 2008 (1).

Sim, B. W. T. , Yuen - Tsang, W. K. A. , H. Chen and H. Qi：Rising to Occasion：Disaster social work in China, International Social Work, 2013 (4).

第五章 高校主导的社会工作组织与政府合作进行灾害应急管理
——以香港理工大学四川灾害社会心理工作项目在映秀镇的实践为例

简 介

本章在第四章分析社会工作组织与政府合作参与灾害应急管理的基础上,以香港理工大学四川灾害社会心理工作项目在映秀镇与政府合作进行的防灾减灾工作为例,总结了高校主导的社会工作组织在与基层政府进行应急管理合作时运用的工作策略。

一 项目介绍

香港理工大学四川灾害社会心理工作项目,其前身为香港理工大学四川"5·12"灾后重建学校社会工作项目,是由香港理工大学与成都信息工程学院(2015年更名为成都信息工程大学)、四川农业大学、西南石油大学、乐山师范学院等四川本地高校合作开展的。项目由来自香港高校社工系的教师担任专业顾问,由川内高校教师兼任社工督导,以保证服务质量。项目资金由怡和旗下思健(MINDSET)提供,香港理工大学受委托进行管理,由四川本地高校的财务部门进行监管。在"5·12"汶川地震发生后同年的10月中旬,项目负责人,香港理工大学副教授沈文伟博士来到震中汶川县映秀镇,会同当地的先期工作人员,对12所灾区学校进行了为期两个月的需求评估,并用6个月的时间进行选址、筹资、计划等工作,于2009年2月正式成立香港理工大学四川"5·12"灾后重建学校社会工作项目。该项目旨在为伤残学生、单亲家庭学生或孤儿、住校生、异地复课生、地震后有心理创伤或应激障碍行为学生以及留守儿童提供服务,致力于学校的灾后重建工作。初期主要作为陪伴者和支持者,通过情感支持、资源链接,开展康复服务和应急服务,后期逐渐转向针对震后重建社区提供综合社区服务。该项目计划服务8年(2009~2016年),共分为三个阶段。

(一) 项目第一阶段

该项目的第一阶段是从2009年2月至2011年12月。初期与成都信息工程学院、西南石油大学、乐山师范学院、四川农业大学等川内高校合作，设有四个学校社工站，分别为设在乐山峨眉异地复课的汶川水磨中学社工站、兴隆学校社工站、汉旺学校社工站和映秀小学社工站。在这两年的服务中，社工站携手学校、在地机构和志愿者，面向 3000 余名学生、100 余名教师和上千位学生家长，针对地震之后青少年群体的需求，如震后创伤应激障碍的需求、肢体康复的需求等，开展了多元化、跨专业的服务。同时，社工站通过连接家庭、学校和社区，不仅建立、发展了学生及其家庭的支持网络，而且培养了一大批本地志愿者。

（二）项目第二阶段

该项目的第二阶段为 2012 年 1 月至 2013 年 12 月，项目与成都信息工程学院和四川农业大学合作，设有汶川县映秀小学社工站和绵竹市汉旺中新友谊小学社工站两个专业的社会工作服务机构。在这一阶段的工作中，项目一方面处理震后恢复重建的问题，如对伤残和因灾害致贫的人士进行的经济援助，另一方面努力探索适合中国国情的农村灾后学校社会工作模式，同时为了应对地震之后的次生灾害问题，社工在小学生中也进行了一些防灾减灾的工作。截至 2013 年项目第二阶段，香港理工大学四川灾害社会心理工作项目已经为汶川"5·12"汶川地震灾区儿童和社区累计服务了 5 年，共开展了 7 个研究项目，在国际期刊上发表 7 篇文章，在国内期刊上发表 11 篇文章，编著图书 5 部，参编 4 部，参与国际和国内会议

23 场，开展映秀小学生图片巡回展 15 场，国内、国际媒体进行相关新闻报道无数。

（三）项目第三阶段

该项目的第三阶段开始于 2014 年 1 月，计划在 2016 年 12 月结束。这一阶段，香港理工大学与成都信息工程学院继续合作，项目开始进入映秀镇的社区，由汶川县映秀小学社工站和映秀社区社工站两部分组成，项目还成立了研究团队，主要从事灾害社会心理工作和社区防灾减灾方面的研究工作。

该项目计划在继续为小学提供服务的基础上，着重增加社区工作的部分，以社区中的妇女、儿童和老人为服务对象，关注服务对象的生理、心理、社会等不同层面的问题，构建社区支持网络，重塑映秀社区活力。同时，为了应对可能发生的泥石流滑坡等次生灾害，防灾减灾服务依然会贯穿于整个服务中。

香港理工大学四川灾害社会心理工作项目的建立和组织模式，资金支持和管理方式，负责人、顾问、督导的高校教师身份，都明确地反映出高校主导模式介入灾区工作的性质。而且，除服务外，该项目还担负了研究的任务。研究工作遵循了社工介入灾害救助行动逻辑中的社会逻辑，即探索本土化的服务模式（陈锦棠，2009）。这种以服务为本，社工服务与学术研究并重的社会工作项目，与前文提到的高校主导模式相比，更具自身的特质。同时，考虑到该项目长期服务于一个地区，并且不断拓展服务范围，以及对灾害工作一贯的关注，香港理工大学四川灾害社会心理工作项目在映秀镇的服务经历是考察高校主导模式社会工作组织与政府合作策略的合适案例。

二 香港理工大学四川灾害社会心理工作项目在救灾、防灾、减灾服务中与政府的合作经验

自2008年以来，香港理工大学四川灾害社会心理工作项目在"5·12"汶川地震震中映秀镇已经工作了近7年。如前所述，近7年的服务可以分为三个阶段，每个阶段所面对的环境都有所不同，相应的工作任务和服务目标自然有很大不同，与政府合作的方式及内容也有所差异。下文从三个不同的服务阶段来展示该项目与灾区当地基层政府的合作。

（一）第一阶段：灾后应急阶段

2008年的"5·12"汶川地震是新中国成立以来破坏性最强、波及范围最广、救灾难度最大的一次地震灾害。地震发生后，中国政府迅速进行了应对，国务院于6月11日即印发了《汶川地震灾后恢复重建对口支援方案》，强调按照"一省帮一重灾县"的原则，建立对口支援机制（刘铁，2010）。其中，广东省负责对口支

第五章　高校主导的社会工作组织与政府合作进行灾害应急管理

援受灾严重的汶川县。在援建之初，社工团队就成为广东援建队的一部分，在广东市民政局的支持下，中山大学、华南农业大学、广州大学、广东商学院、广东工业大学五所高校，以及后来加入的香港理工大学，会同广州市民政局干部以及广州市青年社会工作者，共同组建广州社工队。2008年6月24日，广东社工队就已经进入了地震极重灾区映秀、漩口、水磨三镇，进行应急状态下的灾害社会工作服务。

进入灾区之初，在进行广泛的专业评估的基础上，广州社工队的社工在映秀社工站主要从事联系救灾物资、抚慰丧亲者等工作，在刚刚介入灾区工作的紧急救援阶段，社工扮演了救助者的角色，对灾区给予物资、金钱和心理等方面的直接援助。

在此基础上，广州社工队进行了内部分工，将在灾区的服务根据服务对象进行了划分，以便提供更专业、更有针对性的服务。香港理工大学应用社会科学系的沈文伟博士承担了服务于地震中受到重大打击的映秀小学师生的项目，在历时3个月的需求评估和项目设计之后，香港理工大学四川"5·12"灾后重建学校社会工作项目（下文简称项目）在映秀小学正式成立，开始为灾害地区小学教师和小学生及其家长提供服务。

在这一阶段，项目与政府及由政府管理的学校进行了广泛的合作，并且积累了一些经验。

1. 通过与政府的合作及社工服务的专业性解决合法性的问题

虽然项目由高校主导,但却是由援建省份的民政厅牵头组织的,与政府具有天然的一致性,并且援建的广东省民政厅也有工作人员在帮忙协调,所以广州社工队直接与汶川县政府和民政局对接,由县级政府机关民政系统通过正式的组织程序向映秀镇发文,以保证项目的合法性。

但是,仅仅是上级机关的许可是不足以保证社工活动的空间的,如果没有专业特长,作为新兴事物的社工站很容易被边缘化甚至被拒之门外。当时映秀小学校长由于未完全了解社工的功能,出于保护地震幸存学生的目的,明确表示:"我不管你们是社工还是志愿者,你们不要到我的学校里面来,碰我的孩子。"可以看出,政府特定部门的允许并不足以让下一级部门认可,仍然需要其他具体的条件。

面对这样的情况,当时项目的工作人员发挥了自己的专业特长,协同政府的工作,为政府的救灾工作"拾遗补缺"。比如,在紧急救援阶段,震后灾区群众一无所有,急需外界的资源支撑生活。但是在政府方面,由于山区地势比较复杂,映秀镇的居民分布相对分散,政府工作人员在震后的工作压力巨大,所以对于远离资源的地方(偏僻的村庄)和人群(弱势群体)难免会存在资源分配滞后的现象。当时项目的一线工作人员发挥了社工的专业特长,走村串户评估边缘人群的需求,撰写评估报告,然后向外界提供信息,与外界的社会公益组织和人群取得联系,进行资源链接,组织当地的志愿者和村民将资源直接发放到受助人群手中。通过这样的方式,既为群众提供了服务,又在没有动用政府资源的情况下疏解了政府工作的压力。通过这样的专业性服务,社工在灾区赢得了援建政府和灾区基层政府的信任,也得到了灾区民众的信赖,赢得了服务的空间,解决了服务的合法性问题。

2. 在项目内部建立自我审查机制,主动回避政治敏感的内容

在灾害刚刚发生时,由于地方政府存在短暂失灵,政府部门对于灾区的控制力是明显不足的,造成了很多服务质量不一的非政府组织和个人志愿者进入了灾区。虽然在灾区的救援阶段,这些无序进入的志愿者和民间组织发挥了一些积极作用,但是,也有一些组织在救灾之外还具有一些复杂的动机。比如,有些组织在灾区进行宗教传播,有些组织进行私人调查向外界发布不负责任的信息,有些组织和个人则针对政府在救灾和重建过程出现的工作纰漏进行尖锐的批评。这些都会造成社会工作组织和政府的关系出现波动,甚至会使之前建立的顺畅的合作关系遭到破坏。所以,在项目的操作过程中,尽管项目的顾问和督导中不乏宗教信众,但是项目严格规定在服务过程和文字材料中不准出现任何与宗教相关的资料。同时,员工也不准在项目的对外材料以及网络私人空间中泄露任何与灾区工作有关的内容；并且前线社工在没有项目负责人和督导同意的情况下，不能接受媒体和其他人员的采访，以避免发出不恰当的声音或发出的声音被有意地歪曲。通过这种较为严格的信息管理措施，项目最大限度地隔绝了政治敏感的内容，消除了潜在的可能造成政府不信任的因子。

虽然在进入灾区时与当地基层政府有着顺畅的关系，项目在服务的过程中，依然时时需要注意"脱敏"，尤其是在映秀这样的"明星灾区"，项目需要更加敏感于有潜在危险的内容，对于内部的员工有更加严格的信息管理机制，以免与政府特别是当地的基层政府产生不必要的误会。

3. 社工连接外部资源，投入心理援助、社区关系重建以及康复等政府经费短缺的领域

在我国的应急管理体系中，政府掌握了极其庞大的资源，但是这种资源的投入毕竟不能面面俱到，而且政府的资源往往会投入硬件的建设中，而对心理以及社会关系的重建的投入则相对少。心理关怀和社区关系的重建则正好是社会工作者的专长之一。映秀镇地处阿坝藏族羌族自治州，锅庄舞蹈是具有当地民族传统和坚实群众基础的娱乐活动，是一种表达性的艺术，具有释放压力、缓解情绪的功效，可以成为一种表达性心理治疗的媒介；并且，锅庄舞蹈是一种具有很强集体性质的大众参与的舞蹈

形式，可以在舞蹈的排练过程中拓展团队成员的社会支持网络（张敏、刘立祥，2014）。基于精神健康和社会支持两方面的考虑，2009年5月1日劳动节，由项目牵头，在与政府合作的基础上，进行了映秀镇全镇规模的大型锅庄比赛。映秀镇的每一个社区、村庄以及学校都受邀并组织代表队参加了本次活动，而整个活动的筹备在2009年初就已经开始了，映秀镇各村的负责人和村代表在每一个周期与前线的社工沟通锅庄排练的进度、服装购买的情况等活动内容。在这一过程中，经过沟通，在理念和工作目标上，项目和政府达成了一致：通过锅庄大赛的形式，进行团体心理抚慰，构建一种积极的社区氛围。在共同的目标之上，政府也参与到这个活动的组织协调工作中，并委派专门的工作人员与社工对接，发动基层村干部做筹备工作。这次锅庄大赛的所有资源和经费，包括场地布置、篝火、服装等花费，都由项目通过香港的慈善网络链接过来的资金来支付。这次活动得到了映秀镇居民的支持，成为汶川地震一周年之际悲痛气氛中的一抹亮色，也符合映秀镇政府运用当地文化振奋人心的目的。这次活动得到了多家媒体的报道和关注，也受到了上级部门的肯定。社工的专业能力和资源链接能力得到了基层政府的认可。并且，这次全镇域的活动，让项目和社工被更广大的居民和基层政府工作人员知晓和认可，为之后与具体部门及其工作人员的合作奠定了良好基础。

另外，在与学校建立关系的过程中，项目了解到学校的教师、学生以及学生家长因为在地震中致残，而有相当大的康复需要。而且当时基础设施尚未重建完成，没有足够的设备和人员能够满足康复的需求。于是，项目与香港复康会进行接触，通过经费、人员等方面的合作，聘请专业的康复师，购买和引进相应的康复设备，在映秀小学社工站内为受伤或是做过手术的教师、学生和学生家长进行免费的康复治疗，教授康复的知识和常识。在康复的过程中，与学校的教师建立了联系，潜移默化中对社工的工作和理念进行宣传，让校方更加了解社工站的工作，得到了更大的自主性。

同时，由于映秀小学是项目的重点服务对象，对于学校学生和教师，尤其是经历了亲人离世的学生群体和丧亲、丧子的教师群体，项目给予了大量的资源投入，帮助学生和教师克服创伤性应激障碍，恢复心理健康。这些投入，特别是对教师的投入，让校方消除了对项目的疑虑，了解了社工的工作方法和理念。随着教师服务的开展，项目在学校中获得了越来越大的空间。

4. 尊重当地文化，使服务符合当地情境

在项目为灾区服务的过程中，一方面，由于之前内地灾害社会工作的经验非常缺乏，另一方面，项目负责人以及顾问大多为新加坡籍华人或香港公民，"摸着石头过河"成为项目的工作原则之一。具体来讲，"摸着石头过河"就是尊重当地的文化，从当地文化中

第五章 高校主导的社会工作组织与政府合作进行灾害应急管理

吸收那些有助于服务质量提升的文化因子，并运用于具体的服务项目之中。在教师个案服务之中，在与丧亲、丧子教师群体的接触中，由于教师们受到巨大的打击以及之前的不成功的心理治疗经历，起初他们大多拒绝与社工谈及相关的经历。但是，社工慢慢加入了教师的聚会之中，与男教师每晚一起喝酒，渐渐取得了他们的信任，从而进一步为他们提供心理层面的援助。

在个案的跟进中，社工充分相信服务对象所具有的抗逆力，为教师们的自我康复创造条件，鼓励他们从自己的社会网络中获取支持，而不是直接接受精神病理学的治疗，这一介入方式取得了良好的效果。另外，社工与映秀小学三位男教师通力合作，完整记录了三位老师从地震后的悲痛欲绝到重拾生活信心的过程，并对他们口述的故事进行了整理，出版了《一起重生》一书。该书分别在内地和香港地区出版上市，并且有可能翻译成英文在国外出版。

在服务过程中，项目也着重发掘本土文化资源，由于映秀镇处于少数民族地区，藏羌文化盛行，在评估走访过程中，社工发现藏羌民族的传统舞蹈锅庄是当地群众喜闻乐见的艺术形式，是一个有效的社工活动载体，社工可以运用这种舞蹈达成社会心理的工作目标。于是项目的服务广泛吸收了锅庄元素，在此基础上组织了为数众多的社区活动和学校活动，取得了良好的工作效果。

这种"摸着石头过河"的工作风格，作为项目较为成熟和成功的经验，也延续到了之后的几个工作阶段。除了前文提到的举办于震后一周年的映秀镇锅庄比赛之外，锅庄还被广泛应用到了项目第三阶段的妇女工作之中，成为项目工作的一个特色，在对锅庄舞蹈形成共同兴趣的基础上，社工帮助培育成立了映秀镇舞蹈中心和各村的舞蹈队。在舞蹈中心的活动中，社工通过舞蹈团队的建设，向参加活动的妇女介绍了互相帮助、社会共融以及公益等理念，使参加舞蹈队的妇女们成为映秀镇一支重要的公益力量。

同样，在第三阶段的工作中，老人茶馆也是"摸着石头过河"的另外一个例子。在向社区老年人提供服务之初，社工发现将老年人聚集在一起是一项比较吃力的工作，因为老年人大多行动不便，或是对社工的服务没有概念，既有的活动形式又不能很好地吸引老年人。通过了解情况，社工发现在该地区老年人都有喝茶的习惯，于是，社工以"老人茶馆"的方式，邀请老年人参加进来，一起品茶、拉家常，在茶馆的交流中，老年人和社工慢慢了解了彼此，服务效果事半功倍。在"老人茶馆"的交流中，老年人提出了在地震之前映秀镇拥有老年协会，老年人怀念老年协会组织的活动，也比较熟悉老年协会的运作方式，了解到这样的诉求，社工以"老人茶馆"为基础，帮助当地的老年人重新建立了映秀镇老年协会，而协会也部分承担了老年人自我关怀的责任，成为老人群体的自治组织。

（二）灾后重建阶段

从 2012 年 1 月开始，项目进入第二阶段。在这一阶段中，映秀镇新城已全部竣工，居民、学校和政府部门都从过渡的地区迁回映秀镇。这一时期，物质设施的重建已经完成，受灾的居民都已经搬入新居，开始新的生活，但是心理的重建、社会关系的重建和社会生活的重建才刚刚开始。由于映秀镇的大多数村落和社区房屋都采用政府统一规划、统一建设的方式（统建统筹）建设，居民在入住新城之后需要适应新的居住环境和基础设施。在周边环境中影响最大的就是潜在的地震次生灾害。地震使映秀镇周边的山体呈现破碎状，植被也遭到了破坏，这些情况导致滑坡和泥石流频频发生，如果泥石流的规模较大，还有可能阻断岷江，诱发危及全镇的洪水灾害。而且，地震让映秀镇的经济结构完全改变，以前以"水电之乡"闻名的工业小镇，变成了以旅游业为支柱产业的景区，居民面临经济生活的巨大改变。同时，因为映秀镇在地震中的伤亡极其惨重，原有的社会关系被严重破坏，居民需要重新建立家庭关系和社区关系。

以上问题，在项目服务的映秀小学的学生、家长和教师身上均有所体现，对于刚刚建成的新校舍，师生有适应的需要；对于可能发生的泥石流、洪水等次生灾害，师生有提高灾害应对能力的需要；因地震致贫的学生和家庭有经济援助的需要；因地震带来家庭变化的学生，如地震丧亲儿童，需要特殊的关心；在地震中遭遇丧子悲痛的家长也有调整自己教育观念的需要。

为了回应以上需要，项目继续在映秀小学服务。在这一阶段的服务中，因为服务对象相对固定，项目主要是和映秀小学以及小学的直接管理部门团委和教育局进行合作。

1. 进入学校的组织架构之内

凭借之前的认真服务和无私陪伴，项目和映秀小学建立了非常牢固的信任关系，在良好的关系基础上，项目一直希望能够进入教育系统内部，与当地教育系统共同培养学校社工。学校社工站的人员和经费也可以由当地政府部门给予支持或部分支持，以使服务可持续，但是这样的尝试由于各种各样的原因而未能推进。于是项目转变思路，把目标从进入系统内更改为进入学校系统的组织架构之中，具体而言即是项目接受学校的管理，与学校的教职员工在行政要求上保持一致，让社工站成为学校的一部分。为了达到这一目标，项目采取了如下具体的措施。

第一，与学校的行政规定保持一致。由于项目的社工站办公室设在映秀小学校园的行政楼内，社工与老师以及行政人员同处一个楼层。社工站在进入学校之初就规定，社工站的上班时间与学校的上课时间保持一致，只要是学校的上课时间，社工站都必须保持开放，服务于老师和学生的临时需要。同时，社工必须参加学校的每

第五章 高校主导的社会工作组织与政府合作进行灾害应急管理

周教师工作例会、学生的升旗仪式和放学典礼。这样，社工一方面可以及时准确地获知必要的信息，另一方面可以和学校的师生在组织上保持一致。统一工作时间和服从必要的行政安排确保了项目的社工和学校的教职员工在行政上保持一致。

第二，项目与映秀小学的校长以及管理层建立了定期沟通制度。每一学期的整体服务方案都会报送校长，征求校长的修改意见。每一项具体服务的计划书，都会在服务开始前一周，向学校的相关工作人员和教师提交，告知活动的时间、地点和具体内容，以及征求相关人员的意见以对计划书进行修改。项目的所有活动，校方都会提前知晓，并且从学校和教师的角度给出一些意见，帮助社工完善服务计划。另外，每一次大型活动，比如夏令营等暑期活动和其他机构、单位的来访，社工站都会和学校沟通，由校长提交当地教育局批准，然后方得以实施。这样的定期沟通制度保证了社工站的所有工作都是在校方知情同意的基础上开展的。

第三，项目有选择地承担了一部分学校的工作。因为项目的社工站在校园中，社工与师生朝夕相处，不可避免地会参与学校的日常工作，主动承担那些有助于达到服务目标并且社工也擅长的工作。因为映秀小学属于农村寄宿制学校，大约有三分之一的学生因家庭偏远等原因而选择住校。在社工介入学校工作之后，社工在每周会固定两天代替生活老师对住校学生进行管理。在管理住校生的过程中，社工既能获得了解学生的机会和组织服务的空间，又能有效地缓解学校人力资源紧张、生活老师压力过大的情况，帮助学校分担一部分工作职责。另外，项目社工和学校的心理课老师合作，利用汶川县教育局要求的生命安全课的课时，引入了生命教育课程，针对儿童在地震后可能留存的心理问题，为高年级学生进行生命教育辅导。同时，社工也参与学校的大型活动，帮助学校组织各种比赛和儿童节庆典等活动。并且，上级主管部门下达的一些任务，也会由社工站来完成，比如汶川县团委主管的留守儿童之家项目，在映秀小学就是由社工站来承担。在参与上述学校工作的过程中，社工和学校师生的关系更加紧密。同时也获得了更大的空间，可以进行有针对性的服务，并且为这些工作赋予了社工元素，让学校师生直观地感受社工的工作效果，并且可以用社工的理念间接地影响教师们的工作方式，获得更多的认同。

总之，项目通过与学校的行政规定保持一致，定期和及时地与校方沟通，有选择性地承担一些学校工作的方式，成功地融入了小学的组织框架之内，成为映秀小学的一部分。在映秀小学接待的参观和访问中，社工站办公室作为学校重要的校园文化的组成部分，每次都会成为重点介绍的对象，体现了校方对社工站的认同。社工站的办公室，成为映秀小学的老师们与社工沟通学校和学生情况的重要场所，是小学生们，尤其是住校学生，遇到生活和学习的问题时首先想到的求助之地，也是家长们了解孩子情况和学校动态的另

第五章　高校主导的社会工作组织与政府合作进行灾害应急管理

一个重要窗口。

2. 资源的双向流动

在第一阶段，因为地震刚刚发生，映秀镇还处于灾害应急阶段，各方面的资源都非常匮乏，所以资源的流动是单向的：单纯地从项目向学校、教师、学生和家长流动。但是，随着映秀小学的回迁，以及地震之后大批善款和慈善资源的涌入，学校也拥有了一定的资源。所以在这一阶段，资源的流动就不仅仅是资源从项目到学校的单向流动了，学校也开始拿出一部分资源与项目分享，促进项目的发展。

当然，在服务的过程中，项目依然会持续投入资源，但是投入资源的类型与第一阶段相比有了很大的不同。第一阶段的资源投入多为硬件设施的投入，比如为了帮助教师康复，项目会购置超声波治疗仪器等一系列花费不菲的康复设备；为了丰富学生在过渡时期的课余文化生活，项目出资装修了学生的活动室，并且购置了许多玩具，让学生有活动的空间和用品。但是，随着映秀小学迁回映秀镇，且社会捐助日益增多，硬件设施投入的紧迫性和必要性就越来越居于次要地位了。

虽然硬件条件与震后初期相比有了极大的改善，可是相关的软件的建设依然需要继续投入资源。因为映秀小学的教师在地震中遭受到了重大伤亡，在小学复课之后，陆续有一批新的教师调到映秀

145

小学充实教师队伍。由于相互不熟悉，新到岗的教师和震前的教师在工作的配合中难免会出现一些问题，需要慢慢磨合。针对此问题，社工站积极整合资源，组织教师开展团队建设活动，通过职业性格测试的方式加深教师间的相互了解，促进教师团队的建设。

映秀小学的新校园配备了电子白板和电脑多媒体等非常先进的教学设备，但是教师们对这些教学设备还非常陌生，不知道在教学过程中如何使用，致使这些设备在新校园复课初期大多处于闲置状态。有鉴于此，社工专门邀请了教育专家对教师们进行多媒体设备和电脑技术的培训，让教师们掌握这些教学设备的意义和使用方法。

映秀小学搬回映秀镇新校园之后，当地的泥石流等由地震引发的次生灾害频发，给学校造成巨大的安全隐患。针对灾害的应对，社工站联系来自成都的安全知识训练营，邀请训练营的教官来到映秀小学，对全校师生进行自然灾害应急避险措施方面的训练，以提高师生个体的灾害应对能力。同时，在咨询专业人士帮助的基础上，社工站为映秀小学修订了安全预案，提高映秀小学的灾害应对能力。在这一阶段，项目对映秀小学的投入大多集中在智力资源方面，而不是像前一阶段以物质投入为主了。

区别于上一个阶段的资源单向流动，在项目的持续投入之下，映秀小学也开始和项目分享一些资源。震后映秀小学的教师也经常会参加一些培训，以提高他们对震后儿童创伤心理的应对能力。在一次培训中，映秀小学的参训教师接触了生命教育课程，于是积极向项目推荐，可以运用在映秀小学的学生身上。在确定使用这套课程之后，项目积极帮助联络培训教师，对即将从事生命教育的社工进行培训。另外，在接受不同媒体采访的过程中，映秀小学的受访教师也会极力赞扬项目的工作成效，帮助项目联络媒体的采访，提高项目的知名度。而且，学校的教职工也会帮助项目加强与在地政府的联系，为项目在小学校园之外开展服务提供帮助。

在相互信任的基础上，社工站和学校着力加强对双方工作的了解，明白双方需要哪些资源，形成了双向资源互动的格局。项目与映秀小学都从这种资源的双向流动中受益，形成了资源的优势互补，在解决了各自工作困难的同时，也让项目与小学的关系日趋紧密和牢固。

3. 突发灾难时在服务地区坚守

2013年7月10日，汶川县发生了特大泥石流，全县所有的乡镇均不同程度受损，灾难造成的经济损失直追"5·12"汶川地震，亦是"5·12"汶川地震后当地遭受的最严重的自然灾害。映秀镇的两个村落也遭到了泥石流的侵袭，两个村落的居民不得不转移到学校中，进行临时安置，其中一个村子的200余名村民在映秀小学临时过渡。虽然灾害来临时小学已经放暑假，但是作为学校的管理者，校长以及管理人员还是需要到校维护学校财产，帮助政府协调安排灾民的生活。

由于灾难具有突发性，项目并没有做好帮助灾民的准备，如此规模的灾害也超出了项目当时的人力物力承载范围。出于对人员安全的考虑，项目的员工在灾难发生之初撤离了映秀。但是，撤离并不是完全漠视学校的情况，项目工作人员在邻近的都江堰市，通过小学的工作人员搜集信息，帮助在小学过渡的居民筹集物资，并且通过当地的支持网络组织运力，几次运送物资至小学，向有需要的居民分发物资，满足居民基本的生活需要。并且，在居民的过渡时期以及过渡期结束之后，社工对受灾的学生和家长实施了必要的干预，以确保受灾居民心理状态的稳定。

从项目开始时在板房中的陪伴和服务，到泥石流灾害发生后对于映秀小学不离不弃的支持，在灾难中形成的信任让项目与映秀小学建立了牢不可破的关系，每一次突发灾难都会让这种合作关系升华，甚至已经超出了工作关系，变成一种风雨同舟的友谊。

（三）社区减灾备灾工作阶段

进入 2014 年之后，项目在映秀镇的服务背景发生了很大的改变，经历过地震的小学生都已经毕业进入了中学，在地震中遭受创伤的教师们也各自开始了新的生活。项目在学校的服务渐渐与灾难相关的应急服务和心理重建拉开了距离，而转型成为常规的农村地区寄宿学校的学校社会工作。但是，2013 年的"7·10"特大泥石

第五章　高校主导的社会工作组织与政府合作进行灾害应急管理

流让人们重新认识到，即使地震已经过去5年了，自然灾害仍未远离映秀。尤其是个别依山而居的村庄，在未来很长一段时间内仍会受到滑坡和泥石流等地质灾害的威胁。项目从2013年底开始准备，于2014年1~4月在映秀镇对在2013年"7·10"特大泥石流中受损严重的村庄进行了灾后社会心理需求评估。这一评估清晰地展现出了当地居民的社会心理问题及需求，其中最重要的就是居民对自然灾害有持续的恐惧心理。居民普遍担心泥石流会再次发生，威胁到他们的生命和财产安全。这种恐惧会有很多具体的表现，比如有些老人会出现失眠的症状，会担心泥石流发生他们不能顺利撤离；一些小朋友在下雨天不能独自入睡，必须有其他人的陪伴。这种对自然灾害发生的恐惧和对安全问题的持续担忧若得不到及时的纾解，则将持续影响居民的正常生活。基于服务背景的改变，在保持学校服务的基础上，项目决定介入社区，在映秀镇范围内易发生地震次生灾害的村落开展综合社区工作，提高居民应对灾害的抗逆力，增进居民之间的联系和互动，从而提高居民整体的社会心理健康水平。

在这一阶段的工作中，项目走出了学校，服务相对偏重于社区。在上一个服务阶段，项目只需要与学校保持良好的合作关系就可以保证服务的顺利进行，但是在此阶段的服务中，由于服务对象、目标和场域发生了变化，项目需要与基层政府以及镇卫生院等其他部门进行更广泛的合作。虽然项目之前与政府建立过良好的合作关系，但是项目在过去的一段时间中专注于学校的服务，与政府的工作内容相差较远，这种合作关系也慢慢淡化；并且随着基层政府的人事调动和项目社工的流动，当初合作过的工作人员都已经离开了映秀镇的工作岗位。于是，项目为顺利进入社区开展服务需要重新与当地政府部门以及事业单位建立合作关系。

在这一过程中，项目运用自身的资源与当地政府形成了良好的合作关系，在防灾减灾方面开展工作的同时，也积累了一定的与政府合作的经验。下文对这些合作经验和使用的策略进行具体的介绍。

1. 在建立关系之初，项目通过体制内已经形成的合作关系拓展新的政府关系，同时通过活动提高互相的熟识度

在第三阶段的服务中，尽管项目属于依托于香港理工大学和成都信息工程学院的高校主导社会工作模式，但是项目运行的经费来自香港，属于境外资金，并且项目一直没有在当地的民政系统注册，这些都是本项目的局限。加之映秀镇地处阿坝藏族羌族自治州，属于国家重点管控的民族地区，在涉及境外的关系方面，自治州政府一向以谨慎的态度为主。虽然项目已经在映秀镇服务了5年，拥有了一定的关系和信任基础，但是，如果在没有政府允许的情况下贸然进入社区进行服务，可能招致误解和带来麻烦。所以，项目抱着负责任的态度，积极与映秀镇政府部门建立必要的信任关系，推动双方的有效合作。

因为项目已经在映秀镇服务了 5 年的时间，在当地也具有一定的资源，于是采用了通过已有的关系与政府建立联系的策略。在镇一级的政府中，小学具有重要的地位，小学校长在政府中也有一定的话语权。于是，项目借由和小学已经建立的信任关系，由小学的校长和老师出面，邀请负责分管社会工作的政府领导（一般来说是镇一级的党委副书记和纪委书记）来到社工站，由社工站对过去的服务进行汇报，并且说明希望进入社区工作的想法。借由这种"机构开放日"的形式，项目积极与政府联系，让政府初步明白项目的工作范围。

初步联系建立之后，项目和映秀镇政府形成了一个定期沟通制度，即每个月月末都会有社工向政府递交简报，进行本月的工作汇报，让政府知晓社工在其管辖的区域内做了哪些工作，取得了哪些工作成绩，以期让政府对项目的工作有一个理性的认识。

同时，在进入社区之初，项目需要组织一些社区大型活动提高社工站的曝光度，与广大的社区居民建立联系。在这样的大型活动中，社工也会主动邀请政府的工作人员参与社区活动，让政府的工作人员从一个活动参与者的角度了解社工的理念、工作方法和可能的服务效果，对社工的服务也有一个感性的认知。

在这一阶段，项目和基层政府关系建立的方式与第一阶段有明显的不同，不再是自上而下——由上级民政局引见，介绍给基层政府以获得活动的合法性；而是通过与体制内有合作关系的单位（如映秀小学），横向地介绍，联系基层政府的其他部门以形成合作。之后，项目与映秀镇政府的相关部门领导形成定期的工作通报制度，沟通项目的服务内容，同时邀请政府的工作人员参加项目组织的社区活动，以对项目的服务形成比较全面的认识。通过这样的工作方法，项目与映秀镇基层政府部门建立了基本的信任关系，获取了在社区工作的空间。

2. 与政府形成共同的工作目标，在合作中对自身功能进行清晰定位

在与政府初步建立了工作关系之后，项目开始对所要服务的社区进行了系统的社会心理评估，在对搜集到的资料进行分析之后，确定了第三阶段社区服务的工作目标。在制定了服务目标之后，项目通过已经畅通的沟通机制，向政府提交了项目的评估报告和初步设想的服务方案，沟通项目的工作目标，以期得到政府的肯定和支持。

项目的评估报告，指出了映秀镇一些社区中普遍存在的对于灾害的担忧，这也与映秀镇政府了解的情况一致；项目的服务方案让政府官员认识到项目在社区工作的正当性以及具体的工作内容，那么在工作目标层面取得当地政府的认可就是水到渠成的事情。但是，这种认可仍然不完备，政府仍然可能会对项目的专业性产生怀疑，毕竟项目的主要工作人员是社工，没有地质方面的学科背景，保证项目达到防灾减灾的工作目标仍然具有不确定性。

项目主要通过对自身在防灾减灾和应急管理工作中的定位，来应对政府对项目能力的质疑。在介入社区的防灾减灾工作时，项目的工作人员就已经做过相关的调研：因为关注度较高，上级部门的支持力度大等，映秀镇政府的防灾减灾工作体系在基层政府中算是相当完备的，并且操作性很强。通过震后的几次灾害，可以看出，映秀镇政府在防灾减灾方面的投入很大，修建了大批的灾害整治工程，以缓解次生灾害的影响。在应急管理之中，映秀镇政府能够调动的资源是非常多的，工作效果也很好，比如在"7·10"特大泥石流灾害中，没有任何居民遇难。通过对政府工作效果的考察和对自身能力的评估，项目在介入减灾防灾工作之初，就把自己定位为一个"拾遗补缺"的角色，配合政府的相关工作，在政府力有不逮的领域，如建立居民之间的联系，增强社区整体灾害应对的凝聚力，在居民中普及灾害应对的知识等方面，着力开展工作，并注意采取自下而上的工作方式，与政府自上而下的防灾体系相结合，动员民众参与防灾减灾相关工作。在和政府的沟通之中，项目工作人员对工作定位和服务思路向政府的工作人员进行了阐释，强调了两种思路的相容性，得到了政府的认可。

同时，项目也积极地与地质灾害领域的专家建立合作关系，以获得专业知识的支持。项目与中国地震局地质研究所建立了合作关系，并且邀请地质研究所的专家来到映秀镇与政府领导一起探讨基层防灾减灾工作的构想和可能，通过这样的过程，减少了政府对项目专业能力的疑虑，也使项目得到了在防灾减灾领域放手施为的空间。

3. 有针对性地进行资源投入，同时开发当地的资源

在工作目标和工作内容得到了政府的认可之后，项目开始着手为社区提供防灾减灾服务。进行服务就意味着资源的投入，资源的投入则需要有一定的针对性。项目资源投入的针对性主要体现在几方面。第一，了解政府已经投入的资源和当地民众拥有的资源，不盲目地进行资源连接，避免造成重复建设和资源的浪费。在和其他防灾减灾项目的交流过程之中，可以看到其他机构对于服务地区硬件建设的投入，比如灾害预警系统的投入、紧急状况之下通信设备的投入，但是这些硬件设施在映秀镇都由政府进行了非常齐全的配备，政府分配的设备已经可以满足正常的灾害应急管理需求，没有必要重复投入资源。第二，资源的投入与项目的服务紧密相关，无论是直接与防灾减灾相关的资源还是间接相关的资源，只要满足项目的工作目标都会进行相应的投入。与防灾减灾目标直接相关的资源投入，比如相关的培训，防灾减灾物资的展示和发放，防灾减灾宣传材料的印刷和分发，项目都会进行符合工作目标的投入。但是其他还有看起来和防灾减灾目标没有直接联系的服务，项目也进行了资源的投入，比如在服务社区投入资源建立了妇女舞蹈队，这项服务和防灾减灾并没有太大的关系，但是却可以有效地提升社区妇女的活力，提高妇女的组织性，在防灾减灾的过程中更加容易以一个整体动员起来，承担一些个人无法完成的防灾减灾任务。这样的资源投入策略，在避免重复投入的同时，密切了和居民的关系，更易于得到村组织的肯定，从而得到基层政府的认可。

同时，项目投入的资源并不仅是为解决当时的现实问题，更是着眼于服务社区本土资源的开拓。通过部分资源的投入抛砖引玉，最终在当地留下具有持续性的行之有效的资源。这样的资源运用思路在对居民关于紧急状态下医疗急救知识的培训中体现得非常具体。项目在先期需求评估中，发现服务社区的居民迫切需要了解医疗急救知识，即可以在自然灾害的应对和疏散中对出现的伤病进行简单的紧急处理，在专业医护人员抵达之前，提供最为及时有效的支持和协助。项目联系了香港理工大学护理学院的专家，以及四川大学——香港理工大学灾后重建与管理学院的护理专业硕士班学生进行专业支持，对映秀镇的相关人员进行培训。但是这次培训并不仅是针对普通居民的一次性培训，而且是对培训者的培训。具体来说，项目邀请镇卫生院的工作人员，各行政村的村医，主要的村干部、民兵队长、学校教师等有影响力的社区成员来参加培训，这些参加者再通过各种机制来传播培训的知识和内容，培训其他普通的居民。项目应用这种思路，通过对有影响力的社区成员的培训来带动其他社区成员的参与，从而丰富当地整体的急救知识。在急救知识培训的基础上，项目对当地的急救资源进行了进一步的发掘。项目社工组织了相关的社区活动，给培训参加者一定的资金，让他们在映秀镇的范围内购买物资，根据培训的内容准备自己的应急包，并且由专家对购买到的物品进行点评，以确定那些能够在当地买到的物品，作为适合映秀镇的灾害应急包。社工通过活动的参加者，对相关的本土知识和智慧在映秀镇的范围内进行了广泛的传播。

正是这样的资源投入策略，让项目可以集中资源在自己的服务领域之中，帮助当地社区发掘长远而可持续的资源，丰富当地防灾减灾的知识；同时，也提高了资源的利用率，让基层政府认识到项目资源运用的合理性以及为当地寻求防灾减灾长效机制的努力，加深对项目专业性和责任心的认同。

4. 发挥社工在灾害应急管理和防灾减灾服务中的优势

尽管有良好的合作关系，清晰的工作角色定位，相同的工作目标，以及有针对性的资源投入，社工与基层政府在灾害应急管理中合作的基础依然是能够在防灾减灾相关工作中起到作用，能够有效地帮助政府解决居民面临的问题，起到对政府工作"拾遗补缺"的作用。根据项目的实践，社工在防灾减灾和灾害应急管理中有以下几方面的优势。

第一，社工具有亲和力和柔性管理的服务方式，能够满足符合不同群体特点的个性化要求。

亲和力是社会工作者的天然属性（罗爱华，2012），相对于政府的刚性管理方式，社会工作的方法和理念要求社工与服务对象之间形成平等信赖的专业关系。并且社会工作的工作准则要求社工把服务对象的特点放在第一位，根据服务对象的实际情况提供相应的服务（法利、史密斯和博伊尔，2010），这在灾害应急管理和防灾减灾工作中可以有效弥补政府对个体和特殊群体关注不足的劣势。

在2013年的"7·10"特大泥石流的应急管理中，受灾居民在映秀小学进行过渡安置。在这一时期，政府调动物资，保证了居民的衣食住行等基本的生活需求，同时在餐饮方面对儿童、老人等弱势群体也有所倾斜。但是，由于政府资源和人力的有限性，不同群体的个性化需求，比如孕期妇女需要的营养品、妇女的卫生用品、儿童需要的游戏空间等，都不能得到很好的回应。社工很快对以上的需求进行评估，并根据这些需求在邻近的城市进行了定向的购买，以满足基本生活条件之外的个性化需求。

在灾害发生之前的防灾减灾过程中，映秀镇政府着力培训的是应急体制内的监测员和村干部，帮助监测员和村干部掌握地质灾害的知识和必要的抢险常识，并且组织民兵进行相关内容的训练。但是，在普通民众的知识教育方面，政府就没有更多资源和人力进行覆盖和宣传了，只能通过一些有限的手段进行，比如社区宣传栏、树立与社区的灾害相应的应急标识。这些知识教育手段比较单一，并且工作的效果并不是特别理想。而社区教育正是社工的专长，由社工来开展可以保证关于灾害的社会教育的效果。针对不同人群在灾害中的角色和能力，项目区分了老人、妇女、儿童等人群需要掌握的知识，并且通过多种形式将这些科学的知识传递给居民。比如，在对儿童的服务中，项目社工运用了防灾减灾小课堂的形式，多种实验和活动让儿童轻松地理解什么是泥石流，泥石流的成因以及泥石流到来时应该采取怎样的避险措施。在对老人的服务中，社工通过"老年人茶馆"的活动，帮助老年人总结躲避泥石流的经验，讨论作为老年人在泥石流的避灾过程中可以运用哪些资源。通过多种多样的工作形式，不同的群体掌握了最适合他们的防灾减灾知识，项目的工作有效弥补了政府在普通居民间传播灾害知识方面的不足，与政府推行的防灾监测体系形成合力。

第二，社工善于建立与社区的良好关系，促进社区居民的互动，增强社区的凝聚力。

在灾害的应急管理过程中，基层政府形成了以村干部和村两委会（村党支部委员会和村民委员会）为领导核心，其他村民参与的组织形式，这种形式是政府工作的重点，在之前的灾难应对过程中也证明是行之有效的。村民之间的互动也是非常重要的，邻里之间的关系正是社区凝聚力的基础，社区的凝聚力又会直接影响整个社区应对灾害的抗逆力（Hegney et al., 2008）。促进居

第五章　高校主导的社会工作组织与政府合作进行灾害应急管理

民的互动已经超出了基层政府的工作范畴，映秀镇政府也没有余力在这方面投入更多的人力、物力资源，而社区的凝聚力却又是防灾减灾和应急管理中较为重要的因素。那么，这一个工作领域就是社工施展的空间了。项目社工在服务社区的不同群体中建立了兴趣小组，比如妇女舞蹈小组，老年人健身操小组，促进居民的互动；又通过覆盖整个社区的大型活动，将广大的社区居民邀请进来，形成全社区的交流与互动。通过这样的方式，丰富了社区的文化，增进了社区居民间的联系，建立了更有凝聚力的群众基础，让政府的防灾减灾工作可以更好地推行下去。

第三，社工易于集中资源，可以在短期内调集资源完成服务目标。

跟政府对防灾减灾进行的财政拨款和其他资源的调用相比，社工能够整合和调用的资源具有小、快、灵的特点。具体来说，虽然社工所能调用的资源并不多，但是由于社工机构的财务管理系统相对比较简单，资源的集中度高，并且易于调用。在项目财务系统中，内地高校的财务处主要进行账目的监管，而不会对具体的花费项目做过多的干涉；而在具体的服务中，从一线的社工，本地的督导，到项目的负责人，都会有一定数额的可支配资金，来应对计划外的支出，可以在支出之后再另行向资助方进行汇报。并且，项目的资助方不仅仅是单一的基金会，还可以通过多种方式，和不同的单位如大学的MBA课程等合作，对诸如贫困

159

儿童经济支援等项目进行专项的资金募集。灵活的财务管理制度，多种筹集经费的手段，赋予了社工组织在调用资源方面小、快、灵的特点。

这种小、快、灵的资源对于政府主导的防灾减灾体系可以起到润滑的作用。在应急管理的过程中，如前文所提到的，社工不需要进行过多的汇报和申请，就可以利用手头有限的资源，快捷地满足受灾居民的需要。在防灾减灾的过程中，社工可以从行政系统之外链接各种各样的专家资源，到映秀镇为社区服务。项目链接来的资源，除了服务于自己的工作目标之外，还可以帮助政府的工作。比如，中国地震局地质研究所的专家来到映秀镇之后，除了对项目所服务的社区进行了安全评估，为社区的安全预案提供专业意见之外，还帮助政府对几个地质灾害的隐患点进行了排查并给予了专业的治理意见。如果通过政府的行政系统申请进行排查，整个进程不可避免地会被拖延。社工资源的整合和调用，不仅可以灵活、及时、有效地帮助社工实现自己的服务目标，更具有针对性地帮助服务对象，还能够帮助基层政府的日常工作，在一定程度上和政府共享链接的资源。这种资源方面的优势，也是基层政府愿意与社工合作的一个重要原因。

第四，社工具有良好的资料搜集能力和总结提升的研究能力，可以将行之有效的经验带入理论界的视野加以研究和推广。

资料的搜集能力和研究能力正是有高校背景的社会工作项目的

第五章　高校主导的社会工作组织与政府合作进行灾害应急管理

特有优势。在项目中，项目负责人、香港顾问和本地督导都在香港和成都高等院校任教，均为相关的专家或学者，对于研究有天然的热情和动力，他们熟知该领域的研究现状以及尚未解决的问题，拥有一般工作人员不具备的学术敏感度，以及把经验升华为学术研究的能力。同时，作为社工专业高等教育的必备课程，一线社工都经过社会研究方法的相关训练。这样的训练虽然不能保证一线社工成为合格研究者，但是，作为资料的搜集者是行有余力的。这样，在服务的过程中，督导老师能够发掘有价值的学术问题，一线社工可以进行资料和数据的搜集工作，督导老师可以根据社工搜集来的资料和数据，进行分析和研究，把服务过程中的经验，深化为学术性的提炼和研究，在完成服务计划、帮助服务对象的同时，为社工以及防灾减灾相关领域贡献新的知识。

而学术研究并不属于基层政府的职能，基层政府也并没有过多的资源去支持相关领域的研究。然而，基层政府需要得到学界的帮助，把相关的工作经验精炼为学术研究，以进行更广泛的讨论和交流，确保其工作的科学性。

在取得了丰富研究成果的基础上，2015年5月，汶川地震7周年之际，项目在映秀镇召开了"2015防灾减灾实务研究会议"，这次研究会议是由项目与汶川县团委、汶川青少年活动中心、映秀小学合作主办的，防灾减灾领域的多家相关单位和社会工作组织均受邀出席了本次会议，包括体制内部推动防灾减灾工作的中国青少年防灾减灾素质提升计划的工作人员；具有防灾减灾实务经验的社会工作组织，如世界宣明会、陕西妇源汇；致力于防灾减灾工作研究的四川省内高校和协会，如西南民族大学、西南石油大学、成都信息工程大学、社会工作教育协会灾害社会工作专业委员会等。作为协办方，汶川县政府和映秀镇政府的领导，也出席了研究会议，在项目搭建的交流平台上，以映秀镇的防灾减灾经验为例，与各个相关领域、不同类型的工作者进行了充分的探讨，开拓了工作的视野，拓展了工作的思路，同时也介绍了映秀镇的防灾减灾经验，以供参会的专业人员参考和借鉴。

社工的专业性和亲和力，提高整个社区凝聚力的能力，资源投入的能力，以及学术研究的能力，形成了社工特有的优势。这些优势可以保证社工在政府力不能及的领域进行工作，与政府的防灾减灾体系互补，形成合力，共同帮助受灾和有潜在受灾风险的居民。这种相对的优势，以及优势带来的工作效果，正是基层政府与社会工作组织在灾害应急管理工作中的合作基础。

三 本章小结

在灾害应急管理的工作中，社会工作组织如果希望发挥更大的作用就必须与政府密切紧密的合作。本章通过香港理工大学四川灾害心理社会项目在"5·12"汶川地震极重灾区映秀镇的工作经验，总结了高校主导的社会工作组织在灾后应急阶段、灾后重建阶段和社区减灾备灾阶段，与基层政府合作的策略和具体措施（见表5-1），以及取得的成效。这些与政府合作的经验，不仅可以供其他高校主导的社会工作组织或项目借鉴，也可以为其他想要介入灾害应急管理的社工机构参考。

表5-1 社会工作组织与基层政府合作的策略与具体措施

阶段	策略	具体措施
灾后应急阶段	通过政府的内部合作解决合法性问题	通过政府民政系统进行介绍
	通过社工的专业服务解决合法性问题	为政府的应急工作"拾遗补缺"
	建立自我审查机制，避免政治敏感内容	实施严格的信息管理措施
	连接外部资源投入政府经费短缺的领域	重点关注心理援助、社区关系重建、伤残人士康复等政府关注不足的领域
	尊重当地文化情境	运用锅庄等当地的文化形式，不排斥使用饮酒等当地民众习惯的交往方式
灾后重建阶段	进入学校的组织架构之内	与学校的行政规定保持一致
		与学校的管理层建立定期沟通制度
		有选择性地承担一部分学校的工作
	资源的双向流动和共享	根据自身的特点，互相提供信息及资源渠道
	突发灾难时在服务地区的坚守	服务于受灾居民，力所能及地提供应急物资

续表

阶　段	策　略	具体措施
社区减灾备灾工作阶段	通过既有的体制内关系拓展新的政府关系	通过既有的合作关系邀请政府工作人员参加"机构开放日"活动
		形成与政府定期沟通的机制
	通过社工活动提高互相的熟识度	邀请政府工作人员参加社工组织的大型活动
	形成共同的目标，对自己的工作进行定位	评估报告和服务方案与政府话语体系的对接
		邀请专家参与工作，打消政府对社工的疑虑
	有针对性的资源投入	了解政府已经投入的资源和当地民众拥有的资源
		资源的投入与项目的服务紧密相关
	开发当地资源	帮助当地居民开发当地资源，分享本地智慧，形成长效和可持续的资源
	发挥社工在灾害应急管理和防灾减灾方面的特有优势	发挥亲和力和柔性管理的服务方式的优势，满足不同群体特点的个性化要求
		发挥易于与社区建立良好关系的优势，促进社区居民的互动，增加社区的凝聚力
		发挥易于集中资源的优势，在短期内调集资源完成服务目标

参考文献

陈锦棠：《构建官、商、民三位一体的伙伴关系——NGO合作的海外经验》,《中国社会工作》2009年第25期。

法利、史密斯、博伊尔:《社会工作概论》,隋玉杰等译,中国人民大学出版社,2010。

刘铁:《从对口支援到对口合作的演变论地方政府的行为逻辑》,《农村经济》2010年第4期。

罗爱华:《浅议发展社会工作对社会管理创新的意义》,《中南林业科技大学学报》(社会科学版)2012年第6卷第1期。

张敏、刘立祥:《锅庄舞蹈对精神健康复健的研究》,《教育教学论坛》2014年第23期。

Hegney, D., Ross, H., Baker, P., Rogers-Clark, C., King, C., Buikstra, E., Watson-Luke, A., McLachlan, K. and Stallard, L. Building Resilience in Rural Communities Toolkit. Toowoomba 2008.

鸣　谢

诚意感谢深圳市慈善会对香港理工大学四川灾害社会心理工作项目提供慷慨的资金支持，谨此感谢对本书的大力资助。

同时，特别感谢四川省汶川县映秀镇人民政府对本研究的支持和协助，因为你们的理解和分享，才可能有此书。

感谢项目研究助理杨韵兮和刘洋在资料整理、田野调查和数据分析等方面为本书所做的贡献。

最后，感谢民政部国家减灾中心王东明博士为本书内容提出的宝贵意见和建议。

图书在版编目(CIP)数据

基层政府自然灾害应急管理与社会工作介入 / 崔珂, 沈文伟著. —北京：社会科学文献出版社, 2015.12
 ISBN 978-7-5097-8101-2

Ⅰ.①基… Ⅱ.①崔… ②沈… Ⅲ.①自然灾害 –灾害管理 –中国 Ⅳ.①X432

中国版本图书馆 CIP 数据核字（2015）第 225681 号

基层政府自然灾害应急管理与社会工作介入

著　者 / 崔　珂　沈文伟

出 版 人 / 谢寿光
项目统筹 / 高　雁
责任编辑 / 高　雁　梁　雁

出　　版 / 社会科学文献出版社·经济与管理出版分社（010）59367226
　　　　　 地址：北京市北三环中路甲29号院华龙大厦　邮编：100029
　　　　　 网址：www.ssap.com.cn

发　　行 / 市场营销中心（010）59367081　59367090
　　　　　 读者服务中心（010）59367028

印　　装 / 三河市尚艺印装有限公司

规　　格 / 开　本：787mm×1092mm　1/16
　　　　　 印　张：11　字　数：111千字

版　　次 / 2015年12月第1版　2015年12月第1次印刷
书　　号 / ISBN 978-7-5097-8101-2
定　　价 / 69.00元

本书如有破损、缺页、装订错误，请与本社读者服务中心联系更换

▲ 版权所有 翻印必究